폭발물대응의 이해

정연완·오세진·조용훈·정진만

폭발물대응의 이해

정연완 · 오세진 · 조용훈 · 정진만

2019년 02월 15일 초판 인쇄
2019년 02월 18일 초판 발행

발 행 아세아항공전문학교
(부설)아세아항공보안연구소
발행처 도서출판 진영사
인천광역시 부평구 갈산동 185번지 풍진빌딩 303호
전화 : 032)505-4207
팩스 : 032)505-4206
E-mail : 0183734207@hanmail.net
등록 : 122-91-77317

ISBN 978-89-6541-417-9 93390
값 12,000원

목 차

머 리 말

폭발물이라는 단어 자체는 익숙하다. 폭발, 폭탄, 화약 등 관련된 단어도 익숙한 단어이다. 단어 자체는 익숙하지만 '과연 우리는 이러한 단어들에 대한 위험성을 얼마나 느끼고 있을까?' 또한 '이런 단어들을 얼마나 자유롭게 말할 수 있고 관련 정보를 접할 수 있을까?'라는 의문을 시작으로 책을 발간해야겠다는 생각을 하게 되었다.

우리에게 폭발물이라는 단어 자체는 익숙하다. 익숙한 단어인데 비해 우리는 이러한 단어가 무엇을 의미하고 있는지 대강(大綱) 알고 있거나, 간략하게 "위험한 물질" 또는 "폭발성을 갖고 있는 물질"로 인식하고 있을 뿐 그 의미에 대해 자세하게 알고 있지 않다.

대부분의 대한민국 남성들은 군대를 통해 이러한 단어를 접하거나, 민간인들은 언론매체를 통해 '폭탄테러 사건'등을 보고 위험성을 간접적으로 접하는 것이 전부이다.

우리는 최근 각종 매체를 통해 실시간으로 테러집단 및 테러집단을 옹호(擁護)하는 집단 및 개인에 의한 폭탄테러가 수시로 자행되고 있다는 보도를 많이 접하고 있다. 대표적인 사건으로 2016년 벨기에 브뤼셀 동시다발 폭발물테러, 2017년 영국 맨체스터 아레나 폭탄테러, 2019년 최근에 발생한 필리핀 성당 폭탄테러 등 세계 곳곳에서 일어나는 끊임없는 폭탄테러사건으로 불안감과 함께 폭탄테러에 대한 공포는 전 세계 곳곳에 깊은 상처를 남기고 있다.

위와 같은 사건들은 많은 사람들에게 테러에 대한 공포를 확산시키고 안전의식에도 영향을 주었다, 또한 사건 대응부분에서 민관군의 합동대응과 국가간 연합대응이 얼마나 중요한지도 일깨워 주었다. 하지만 우리나라는 어떠한가에 대해 돌아보았을 때 적시적소에 적절한 대응을 할 수 있을지 한번쯤 생각해볼 필요가 있다.

과거 국제사회에서 발생한 폭탄테러 사건들을 살펴보면, 국가적 대응의 중요성과 함께 민간영역의 보안·안전분야 종사자들의 대응과 협조가 얼마나 중요한 요인으로 작용하는지 많은 테러사건 사례를 통해 알 수 있다. 또한, 우리나라와 너무나도 다른 대응체제를 갖추고 있다는 것을 알 수 있다.

무분별한 테러의 위협속에서 현재 우리사회는 폭발물이란 단어와 관련된 용어를 사용함에 있어서 매우 민감하고, 비밀스럽게 취급하고 있는 것은 관련법[1)]에서 알 수 있다.

우리나라는 다른 나라보다 정부차원에서 '폭발물 등 관련 화약류'를 너무나도 엄격하게 통제·관리하고 있다. 이런 이유로 민간영역에서의 폭발물 관련 지식을 습득하고 민간에 맞는 대응체제 구축 및 정부기관과의 상호협력 및 공동 대응제체 구축이 전혀 이루어지고 있지 않다.

현재 전 세계적으로 일어나고 있는 폭탄테러의 위험을 개개인이 인지하고, 정부와 민간의 대응과 협조가 얼마나 중요한지 국가적 차원에서도 인지하고 있음에도 관련산업 민간 종사자들과 원만하지 못한 협력관계를 유지하고 있어 체계적인 대응을 효과적으로 구축하기가 관계법상 매우 어려운 실정이다.

또한, 정부 및 민간교육현장에서도 관련분야에 대한 이론과 체계적인 학

---

1) 총포·도검·화약류 등의 안전관리에 관한 법률 제8조의2(인터넷 등을 통한 총포·화약류 제조방법 등의 게시·유포 금지) 누구든지 총포·화약류(생명·신체에 위해를 끼칠 수 있는 폭발력을 가진 물건을 포함한다. 이하 제73조제1호의2에서 같다)를 제조할 수 있는 방법이나 설계도 등의 정보를 인터넷 등 정보통신망에 게시·유포하여서는 아니 된다.[2015.1.6., 신설]

문적 접근의 필요성이 대두되고 있으나, 강력한 법규를 의식하여 민간에서는 활발한 연구를 진행할 수 없으며 전공자들의 학습욕구를 충족시키지 못하는 실정이다.

이러한 시대적 요구에 부응하기 위해 우리 저자들은 많은 노력을 하였다.

관련분야의 전공자들의 체계적인 교육과 학습자들의 보다 쉬운 이해를 돕기 위하여 교육에 필요한 자료(폭발물 모형 등)를 직접 제작 할 때마다 경찰청 관련부서에 수시로 문의하면서 법에 저촉(抵觸)되진 않은지 무수(無數)한 자문을 받으면서 교구를 제작 하였다. 하지만 더 이상 이런 방식으론 체계적이고 실질적인 교육이 어렵다고 판단하여 폭발물과 관련된 교재저술을 계획하게 되었다.

법에 저촉(抵觸)되지 않는 범위 안에서 관련 기관에 많은 자문을 얻었고 관련 자료를 접할 수 있었다. 이러한 노력의 결과, 화약류 관련 교재를 저술함에 있어 법규 내(內) 민간인으로서 접할 수 있는 일정 가이드라인(guard line)을 찾을 수 있었고 실질적으로 교육현장에서 필요로 하는 교재를 저술할 수 있었다.

책을 저술하면서 아쉬운 점은 폭발물 자체가 하나의 독립된 학문으로 발전되기 전(前)이다 보니, 선구자(先驅者)의 입장에서 우선적으로 하루라도 빨리 그 체계가 확립되어야 한다는 생각에 정보의 접근성과 제한성의 한계를 완전히 극복하지 못하고 의욕만 앞세우다 보니 어느 부분에서는 제대로 정리하지 못한 채, 스스로 만족하지 못한 퀄리티(quality)로 출판하게 되었다.

폭발물의 학문을 발전시키기 위해 관련 정부기관 및 민간기관, 독자들의 많은 비판과 질책을 겪허히 받아들이고 열린 마음으로 끊임없는 연구를 통해 더 나은 책이 되도록 본 저자들은 꾸준히 노력할 것이다.

본 책을 통하여 관련산업의 학문적 발전과 관련학문을 전공하는 학생들의 이해에 도움이 되는 기초도서가 되길 바라며, 더 나아가 우리나라 국민

모두가 폭탄테러에 대한 이해를 통해 앞으로 우리나라에서도 일어날 수 있는 폭탄테러에 대한 심각성을 일깨우면서, 미연에 대처 할 수 있는 작은 행동의 실마리를 제공할 수 있길 바란다.

이 책이 나오기까지 많은 도움을 주신 관련 정부기관 관계자분들, 민간기관 전문가분들과 책을 발간하기 위해 많은 시간을 투자해야 했음에도 묵묵히 옆에서 응원해준 가족들과 협력 교수님들께도 깊은 감사를 표하며 머리말을 줄이려 한다.

저자 일동

입 문

1. 폭발물의 정의

폭발물의 사전적 의미는 「불이 일어나며 갑작스럽게 터지는 성질이 있는 물질을 통틀어 이르는 말」이라고 하지만 그것은 어디까지나 국어사전에서 의미하는 정의이고 폭발하는 물질의 성질 및 형태에 따라 불이 일어나지 않을 수도 있고 어떤 물질은 폭발 없이 급속히 연소하기도 한다. 따라서 분야별로 다르게 또는 유사하게 정의하고 있어 본 교재에서 필요한 분야만 언급하도록 하겠다.

1) 법규

우리의 법규에서는 폭발물을 명문화하여 규정하지 않고 화약류만 관련법[2)]으로 명확히 규정하고 있다. 하지만 판례에 따르면 형법 제172조에 의거하여 폭발물을 해석하고 있다.

■ 판 례

형법은 제172조에서 '폭발성 있는 물건을 파열시켜 사람의 생명, 신체 또는 재산에 대하여 위험을 발생시킨 자'를 처벌하는 폭발성물건파열죄를 별도로 규정하고 있는데 그 법정형은 1년 이상의 유기징역으로 되어 있다. 이와 같은 여러 사정을 종합해 보면, 위 폭발물사용죄에서 말하는 **폭발물이란 그 폭발작용의 위력이나 파편의 비산 등으로 사람의 생명, 신체, 재산 및 공공의 안전이나 평온에 직접적이고 구체적인 위험을 초래할 수 있는 정도의 강한 파괴력을 가지는 물건을 의미**한다고 할 것이다. 따라서 어떠한 물건이 형법 제119조에 규정된 폭발물에 해당하는지 여부는 그 폭발작용 자체의 위력이 공안을 문란하게 할 수 있는 정도로 고도의 폭발성능을 가지고 있는지 여부에 따라 엄격하게 판단하여야 할 것이다.[3)]

2) 국가법령정보센터 : 총포·도검·화약류 등의 안전관리에 관한 법률 제2조(정의) ①항 1~3

위의 판례와 같이 폭발물을 법으로 정의하는 경우 폭발물의 범위가 좁아지게 된다. 따라서 경우에 따라 소이제나 소이탄 또는 꽃불[4] 류 등은 폭발물에 속하지 않게 된다.

2) 국방과학기술용어사전

열, 충격 및 기계적인 작용에 의해 짧은 시간에 급격한 화학반응에 의해 다량의 가스와 열을 급격히 발생시켜 순간적으로 큰 힘을 얻을 수 있는 화합물 또는 혼합물로 규정하고 있다. 화약류의 정의와 연관되어 있다.

3) 화학대사전

열역학적으로 불안정한 평형 상태에 있는 물질로 어느 정도의 에너지가 주어지면 반응을 일으키고 그 주위에 급격한 압력 상승을 일으키는 것을 말한다. 그중에서 공업적으로 폭발의 위력을 이용할 수 있는 것이 화약류이다. 폭발성 물질에는 아주 폭발하기 쉬운 것에서부터 아주 둔감한 것까지 여러 가지가 있고 또 그것이 폭발했을 때의 위력도 가지각색이지만, 공업적으로 제조되어 사용되기 위해서는 너무 예민한 것은 좋지 않기 때문에 어느 정도 둔감하지만 그 위력이 큰 것이 이용된다. 촉매 기타의 목적으로는 화약류로서는 불안정하다든지 예민하다든지 하여 이용되지 않는 것도 사용되므로 여기에 대해서는 재해 방지에 대해 주의를 요한다. 폭발성 물질 중 단일한 화합물인 것이 폭발성 화합물 여러 종의 성분이 혼합된 것이 폭발성 혼합물이다라고 규정하고 있다.

이처럼 분야별로 폭발물의 정의에는 약간의 차이가 있고 현대기술의 변화에 따라 종류도 다양해지고 있어 학문적으로 폭발물을 정의하는 것에는 무리가 따른다.

---

3) 대법원 2012. 4. 26. 선고 2011도17254 판결[폭발물사용 · 폭발물사용방조]
4) 〈표1-2-1〉참고

4) 화약류

화약류는 폭발물에 속하는 대표적 물질로 『총포 · 도검 · 화약류 등의 안전관리에 관한 법률』에서 명문화하여 종류별로 규정하고 있으며 충격이나 가열을 가했을 때 짧은 시간에 급격히 많은 열과 가스를 발생하여 순간적으로 큰 힘을 얻는 물질 또는 물체를 말한다.

5) 원자폭탄

농축우라늄 235(U235)나 플루토늄 239(Pu239)를 임계질량 이상으로 하고 핵분열의 연쇄반응을 고속으로 진행하여 막대한 에너지를 한 순간에 방출시킨 것이다. 이러한 원자폭탄(핵폭탄)은 국내법상 폭발물이 아닌 방사성 물질로 분류되고 있다.[5)]

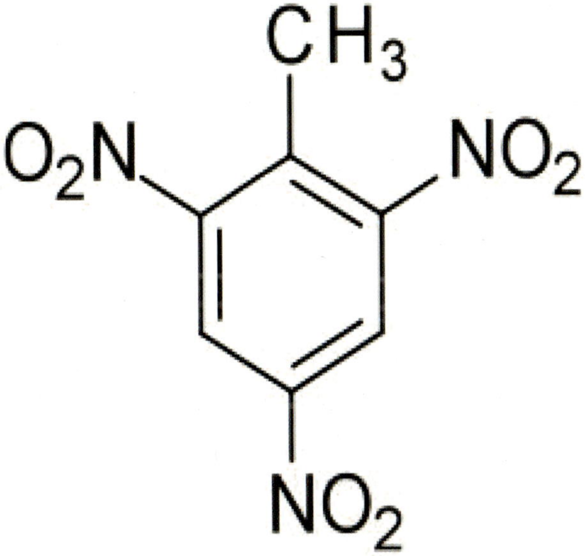

CH_3, O_2N, NO_2, NO_2

---

5) 우리나라에는 아직 원자력발전소 등 산업, 상업, 의료용 외에는 군사목적의 핵무기가 없다.

2. 폭발물의 분류

폭발물은 화약류와 폭발위험성이 있는 물질로 분류할 수 있다. 먼저 화약류는 법에 의한 분류, 용도에 의한 분류 외에 위력, 조성 등에 의한 분류로 나뉠 수 있다.

1) 화약류

가. 법규에 의한 분류

〈표1-2-1〉 화약류의 법규에 의한 분류[6)]

명 칭	특 성
화 약	가. 흑색화약 또는 질산염을 주성분으로 하는 화약 나. 무연화약 또는 질산에스테르를 주성분으로 하는 화약 다. 그 밖에 가목 및 나목의 화약과 비슷한 추진적 폭발에 사용될 수 있는 것으로서 대통령령으로 정하는 것
폭 약	가. 뇌홍(雷汞) · 아지화연 · 로단염류 · 테트라젠 등의 기폭제 나. 초안폭약, 염소산칼리폭약, 카리트, 그 밖에 질산염 · 염소산염 또는 과염소산염을 주성분으로 하는 폭약 다. Nitroglycerine, 니트로글리콜, 그 밖에 폭약으로 사용되는 질산에스테르 라. 다이너마이트, 그 밖에 질산에스테르를 주성분으로 하는 폭약 마. 폭발에 쓰이는 트리니트로벤젠, 트리니트로톨루엔, 피크린산, 트리니트로클로로벤젠, 테트릴, 트리니트로아니졸, 핵사니트로디페닐아민, 트리메틸렌트리니트라민, 펜트리트, 그 밖에 니트로기 3 이상이 들어 있는 니트로화합물과 이들을 주성분으로 하는 폭약 바. 액체산소폭약, 그 밖의 액체폭약 사. 그 밖에 가목부터 바목까지의 폭약과 비슷한 파괴적 폭발에 사용될 수 있는 것으로서 대통령령으로 정하는 것

6) 국가법령정보센터 : 총포 · 도검 · 화약류 등의 안전관리에 관한 법률 제2조(정의) ①항 1~3

화공품	가. 공업용뇌관 · 전기뇌관 · 비전기뇌관 · 전자뇌관 · 총용 뇌관 · 신호뇌관 및 그 밖에 대통령령으로 정하는 뇌관류(시그널튜브 등 부품류를 포함한다) 나. 실탄(實彈)(산탄을 포함한다. 이하 같다) 및 공포탄(空砲彈) 다. 신관 및 화관 라. 도폭선, 미진동파쇄기, 도화선 및 전기도화선 마. 신호염관, 신호화전 및 신호용 화공품 바. 시동약(始動藥) 사. 꽃불 아. 장난감용 꽃불 등으로서 행정자치부령으로 정하는 것 자. 자동차 긴급신호용 불꽃신호기 차. 자동차 에어백용 가스발생기 카. 그 밖에 화약이나 폭약을 사용한 화공품으로 대통령령으로 정하는 것

나. 용도에 의한 분류

〈표1-2-2〉 화약류의 용도에 의한 분류[7)]

명 칭	특 성
발 사 약	탄환의 발사에 사용되는 것으로 추진약으로 불리기도 하며 흑색화약과 무연화약이 있다.
파괴약/작약	포탄, 폭탄, 지뢰 등을 작렬(炸裂)하거나 물체를 파괴할 목적으로 사용되는 폭약으로 TNT, 콤포지션 등이 있다.
폭 파 약	암석 및 토양 등을 파괴할 목적으로 사용되는 다이너마이트, 초유폭약, 함수폭약 등이 있다.

7) 야전교범39-6(2011), 「특전부대 폭파」

전 폭 약	폭발하기 쉬운 것부터 폭발하기 어려운 것으로 순차적 폭발을 전달 확장하는 폭약으로 테트릴, 헥소겐 등이 있다.
기 폭 약	폭발감도가 대단히 높은 물질이며 작은 충격이나 열에 의해 쉽게 폭발하는 화약류로써 폭약을 폭발시키기 위해 필요한 뇌관의 주장약으로 사용하며 뇌홍(풀민산 수은), 아지화납, 다이아조디니트로페놀(DDNP) 등이 있다.

다. 위력에 의한 분류(성능에 의한 분류)

위력에 의한 분류는 보통 폭속[8]으로 구분하며 군의 분류와 민간 산업용 화약류의 분류 기준에는 차이가 있다. 따라서 위력에 의한 분류는 사용자에 따라 다르게 분류될 수 있어 크게 저성능화약류(화약)[9]와 고성능화약류(폭약)[10]로 나뉘게 된다. 군에서 분류 방식에 따르면 폭속 400m/s 이하의 화약을 저성능화약류로 폭속 1,000m/s이상을 고성능 화약류로 분류하고 있다.[11] 저성능화약류의 경우 흑색화약 같은 추진제나 화공품에 쓰이는 화약류인 경우가 많은데 같은 종류의 흑색화약을 민간 산업용으로 쓰이는 경우 같은 화약이라 하더라도 경우에 따라 700m/s이상의 폭속을 가지게 되어 위력에 의한 분류가 모호해지게 된다. 따라서 폭속 1,000m/s미만의 화약을 저성능화약으로 분류하는 것이 타당하다 할 수 있다.[12] 특히 군교범의 경우 80년대 미국을 통해 들어온 옛 국가안전기획부 폭파교범을 기초로 제작되어 현재까지 가시적인 발전 없이 사용되고 있어 시대에 맞게 정정할 필요가 있다.

8) 폭발 시 폭굉파의 진행속도
9) 완성화약류
10) 맹성화약류
11) 야전교범39-6(2011), 「특전부대 폭파」
12) 일부에서 폭속(폭굉의 속도)을 음속기준으로 분류하기도 한다.

〈표1-2-3〉 화약류의 위력에 의한 분류

명 칭	특 성
저능성화약류 완성화약류 Low Explosive	- 폭발효과 : 완성 - 폭속 : 1,000m/s 미만(군 교범 400m/s 이하) - 종류 : 무연화약($RONO_2$ 주성분화약), 흑색화약(NO_3 주성분화약), ClO_3, $PbO_{1\sim3}$, BaO_3, BrO_3, $PbCrO_4$ 등을 원료로 한 화약
고성능화약류 맹성화약류 High Explosive	- 폭발효과 : 맹성 - 폭속 : 1,000m/s 이상 - 종류 : 기폭제, 무연화약($RONO_2$ 주성분화약)[13], TNB, TNT, HEXOGEN(RDX), Pentrit(PETN) 등 니트로기 3이상의 니트로화합물[14] 또는 이를 주성분으로 하는 화약, 액체산소폭약, $HNO_3 \cdot CO(NH_2)_2$ 또는 이를 주성분으로 하는 화약, DDNP($C_6H_2N_4O_5$) 또는 SiO_2를 75%이상 함유한 화약

위의 〈표1-2-3〉에서와 같이 분류된 화약류의 특징은 저성능의 경우 추진효과가 크고 고성능의 경우 파괴 효과가 큰 편이다.

라. 조성에 의한 분류

제조방식에 의한 분류로서 크게 혼합화약류와 화합화약류로 나뉘게 된다. 두 방식에 대한 특징은 다음 〈표1-2-4〉와 같다.

13) 무연화약은 경우에 흑색화약과 같이 조성비나 방식에 따라 맹성과 완성으로 나뉠 수 있다. 흑색화약의 경우 폭속이 달라지나 모두 완성임

14) 니트로기 3기 이상의 화합물은 대부분 폭약으로 간주한다. 대표적인 TNT의 경우 Tri-nitro-toluene의 약자로 그리스어 3(Tri)에서 기원하였다.

〈표1-2-4〉 화약류의 조성에 의한 분류

명 칭	특 성
혼합화약류 Explosive Mixtures	- 정의 : 두 가지 이상의 비폭발성 물질을 물리적으로 혼합하여 폭발성을 나타내는 것을 폭발성 혼합물이라고 하고 그중 공업적 가치가 있는 것을 혼합화약류으로 명명하나 폭발성물질 자체를 목적에 맞게 변형하기 위해 혼합하는 경우도 있다. - 종류 : 흑색화약(Black Powder), Composition, 각종 급조폭발물
화합화약류 Explosive Compounds	- 정의 : 분자 내 산소를 방출하는 자체 폭발성 물질로 쉽게 폭발작용을 일으키는 단일화합물을 화합화약류라 한다. - 종류 : TNT, TNB, Nitroglycerine, Fulminating Mercury

마. 기타화약류

위의 분류 중 법규나 용도로 분류하기 모호한 화약류가 있다. 바로 기화폭탄[15]이라 명칭하고 있는 화약인데 산화에틸렌 또는 산화프로필렌을 주원료로 한 화약을 말한다. 탄두가 투하되면 폭발성 가스구름이 연기점화장치에 의해 점화 및 폭발하게 되며 광범위한 지역에 치명적 압력을 전파하여 인마살상, 차량, 항공기 등의 경목표를 파괴할 수 있다. 지뢰제거 및 대함선 공격에도 사용가능하며 최근 다련장로켓이나 클러스터 폭탄용으로의 적용이 활발하게 연구되고 있다.[16] 또한 원자폭탄(핵폭탄), 수소폭탄 등은 화약류로 분류되지 않는다.

15) FAE(Fuel Air Explosive)
16) 국방과학품질기술용어사전, 2011

2) 비화약류

화약류는 아니지만 독립된 물질자체 또는 혼합 시 소이성 및 폭발성을 가지는 물질들이 있다. 이러한 물질들은 유기화합물 뿐 아니라 금속류 등의 무기화합물까지 다양한 종류가 존재하고 있다. 또한 일반적인 형태가 아닌 분진형태에서 소이성[17] 및 폭발성을 가지는 물질들까지 있는데 흔히 볼 수 있는 밀가루, 설탕 등까지 포함된다. 산업 뿐 아니라 일상생활에서 쉽게 접할 수 있는 물질이 대부분이며 이러한 물질들은 위험물로 분류되지 않는 경우가 많다.

Mk-7 Nuclear Bomb

17) 소이제와 같은 발화체의 성질을 갖는 것

3. 폭발물의 특성

폭발물은 종류마다 성분, 비율 등이 다르며 그에 따라 위력이나 형태가 다르며 용도 또한 다양하게 적용된다. 본 단원에서는 산업용으로 쓰이는 상용폭약과 군용폭약의 종류별 특성에 대해 알아보도록 한다.

1) 상용폭약

가. 상용다이너마이트(Dynamite)

〈표1-3-1〉 상용다이너마이트

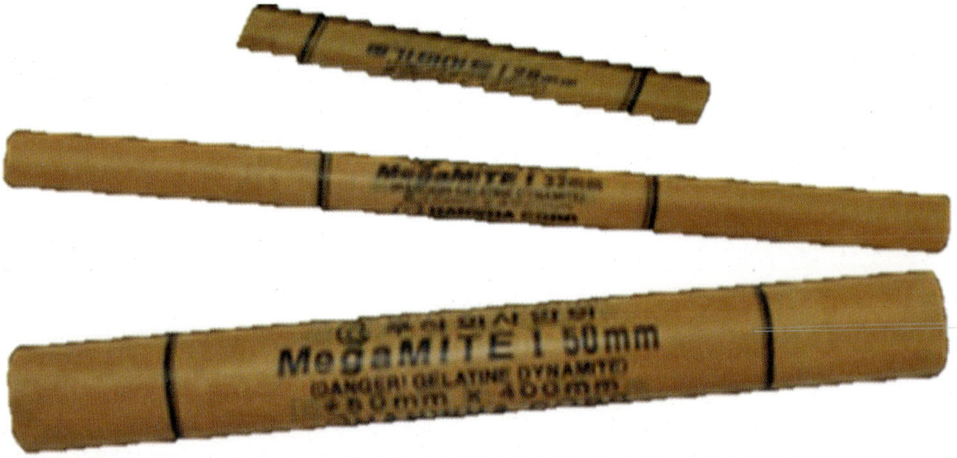

제품명	직경 (mm)	길이 (cm)	중량 (g/ea)	폭속 (m/sec)	내한성 (℃)	내수성	비고
메가마이트 I	28	18	125	6,100	-20	우수	한화
메가마이트 I	32	40	375	6,100	-20	우수	한화
메가마이트 I	50	40	1,000	6,100	-20	우수	한화

다이너마이트는 상용과 군용이 다르며[18] 노벨에 의해 발명된 초기 다이너마이트에 비해 훨씬 안전성이 뛰어나며 종류도 다양해지고 있다. 현재 국내에는 (주)한화에서 다이너마이트를 생산하고 있으며 특징은 위의 〈표 1-3-1〉과 같다.

위의 상용 다이너마이트는 초기 다이너마이트와 마찬가지로 Nitroglycerine이 주성분이며 젤라틴 형태로 존재한다. 수중발파에서 암석 발파까지 광범위한 발파에 사용되며 다이너마이트 형태의 에멀젼폭약에 비해 경암이나 극경암 발파에 뛰어난 효과를 발휘한다. 군용과 달리 주문생산으로 장기보관이 아닌 주문-제조-배송-사용이 신속하게 이루어진다. 따라서 군용에 비해 상대적으로 저렴하나 안정성에서는 군용보다 떨어진다.

나. 초유폭약

〈표1-3-2〉 초유폭약

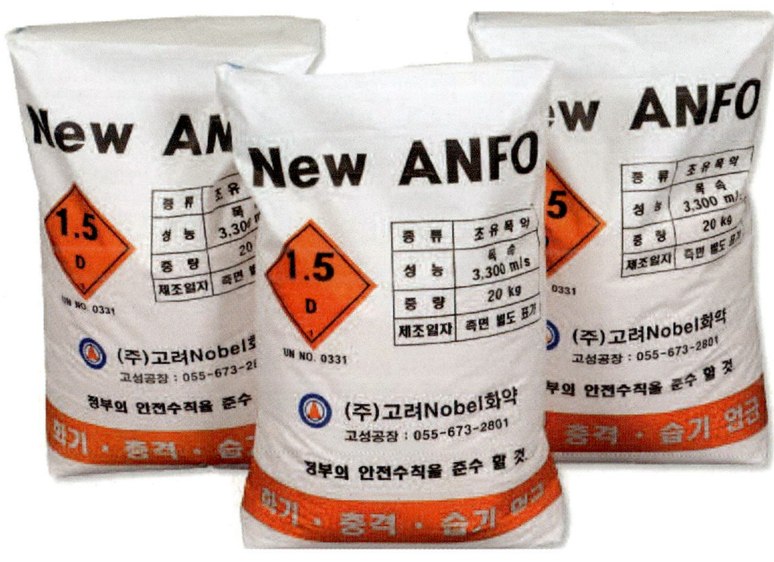

18) 상용은 Nitroglycerine이 주성분이며 군용은 TNT가 주성분

제품명	직경 (mm)	길이 (cm)	중량 (kg/포)	폭속 (m/sec)	내한성 (℃)	내수성	비고
초유폭약플러스 ANFO Plus			20	3,300	-30	취약	한화
벌크안포 Bulk ANFO			Bulk	3,300	-30	취약	한화
뉴안포			20	3,300	-20	보통	고려 노벨
뉴안포			Bulk	3,300	-20	보통	고려 노벨

질산암모늄(NH4NO3)을 주성분으로 하여 연료유를 혼합한 폭약으로서, 안전성이 우수한 저폭속, 저비중이 특징이다. 주로 노천발파에 사용되며 특히 대형 석산이나 석회석 채석장 등에서 사용되고 있다. 국내에서는 (주)한화와 고려노벨화약에서 각각 생산 중이다.

연료유가 혼합되기 때문에 인화성이 강하고 흡수율이 높다. 또한 뇌관기폭성 폭약으로 반드시 전폭약이 필요하다. 이 경우 고폭속의 전폭약을 사용하며 최대폭속이 1,000m/sec이상 증가하게 된다.

다. 에멀젼폭약

슬러시형태의 함수폭약[19]을 다이너마이트 또는 소시지와 같은 형태로 가공한 제2기의 함수폭약으로 내한성, 내수성을 비롯하여 열, 마찰, 충격에 둔감하며 불연소성이다. 국내에서는 (주)한화와 고려노벨화약 등 2개 업체가 생산하고 있으며 특징은 아래 〈표1-3-3〉과 같다.

19) ANFO 폭약의 결점을 보완하기 위하여 질산암모늄에 물을 혼합해서 비중을 크게 하고 위력을 강화한 죽 상태의 폭약이다. 슬러리폭약과 에멀젼폭약을 함수폭약이라 부른다. 슬러리폭약은 질산암모늄(NH4NO3)과 물을 주성분으로 하고 여기에 가연성 물질로서 알루미늄가루, 무연화약, TNT 등을 배합한 젤(Gel) 상태의 폭약이다. 조성은 질산암모늄(NH4NO3) 45~60%, TNT 5~30%, 알루미늄 0~15%, 물 15~30%이다. [네이버 지식백과] 슬러리폭약 [slurry explosives] (광물자원용어사전, 2010. 12., 한국광물자원공사)

〈표1-3-3〉 에멀젼폭약

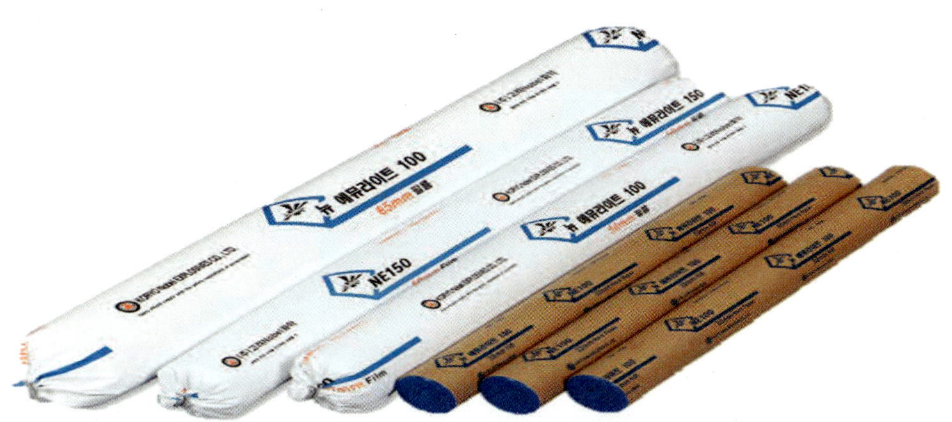

제품명	직경 (mm)	길이 (cm)	중량 (g/ea)	폭속 (m/sec)	내한성 (℃)	내수성	비고
메가멕스	28/32/50	180/420/420	125/400/1,000	6,000	-20	매우 우수	한화
뉴에뮤라이트 100	25/32/32/50/65	200/200/300/480/530	100/160/250/1,000/2,000	5,900	-20	최우수	고려 노벨
뉴에뮤라이트 150	25/32/32/50/65	200/200/300/480/530	100/160/250/1,000/2,000	5,900	-20	최우수	고려 노벨
뉴에뮤라이트 200	25/32/32/50/65	200/200/300/480/530	100/160/250/1,000/2,000	5,900	-20	최우수	고려 노벨
뉴마이트플러스 I	25/32/32/50/65	250/295/420/470/520	125/250/1,000/1,000/2,000	5,700	-20	최우수	한화
뉴마이트플러스 II	25/32/32/50/65	250/295/420/470/520	125/250/1,000/1,000/2,000	5,700	-20	최우수	한화
뉴벡스28mm	28/50	200/420	125/1,000	4,500	-20	최우수	한화
뉴벡스50mm	28/50	200/420	125/1,000	4,500	-20	최우수	한화

라. 기타상용화약류

상업용화약은 정밀발파용 화약부터 미진동파쇄기를 비롯한 다양한 성능과 종류의 화약이 목적에 맞게 생산되고 있으며 뇌관 및 도화선, 도폭선도 다양한 종류로 생산되어지고 있어 위에 언급된 화약류들과 연동되어 사용되고 있다.

〈그림1-3-1〉 상용뇌관

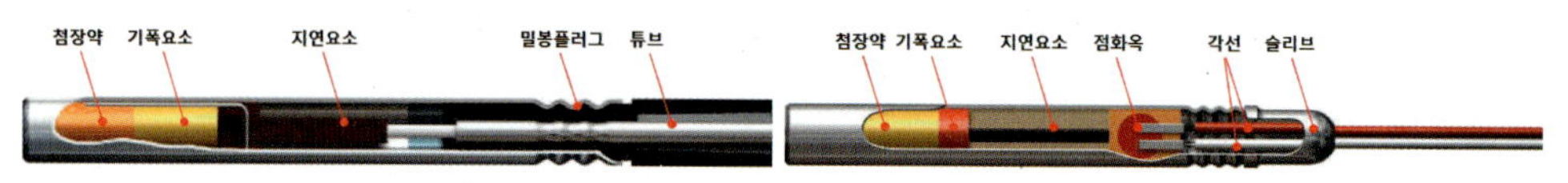

상용비전기뇌관 상용전기뇌관

2) 군용폭약

〈표1-3-4〉 군용폭약의 예[20]

명 칭	용 도	폭 속 (m/sec)	위력계수	비 고
TNT(Trinitrotoluen)	다용도	6,900	1.00	북한명칭 “뜨로찔”
M1 Dynamite	발파	6,100	0.92	군용 다이너마이트
Tetryl	다용도	7,850	1.20	

20) 우리군 및 NATO 사용폭약

Tetrytol	전투파괴용	7,000	1.20	
Composition A3	성형장약 및 파괴통	8,100	1.24	
Composition B	성형장약 및 파괴통	7,800	1.35	
Composition C2	다용도	7,625	1.26	
Composition C4	다용도	8,040	1.34	
Composition H6	M180도로대화구 폭파킷	7,190	1.33	국군제식 "KM180"
Amatol	성형장약 및 파괴통	4,900	1.17	
Pentolite	성형장약	7,450	1.30	
Ammonium nitrate	도로대화구 설치	3,400	0.42	비료원료

군용폭약은 상용폭약에 비해 상대적으로 취급 및 저장의 용이성과 안정성이 뛰어나다. 따라서 열, 마찰, 충격 등에 상당히 둔감하며 습기에 강하고 휴대성이 뛰어나다. 이러한 이유는 군 특성상 다양한 전장환경에서 사용이 가능하기 위해서이며 상업성과는 별개의 문제이다.

가. TNT

〈표1-3-5〉 TNT(북한명 "뜨로찔")

<table>
<tr><th>종류(무게)</th><th>규격(cm)</th><th>형태</th><th>외형</th><th>비고</th></tr>
<tr><td>0.25 lb</td><td>(둘레)3.8×9.2</td><td>원통형</td><td>교육용</td><td rowspan="3">NATO계열
(우리군)</td></tr>
<tr><td>0.5 lb</td><td>4.9×4.9×9.3</td><td>사각형</td><td rowspan="2">국방색
또는
어두운
계열
방수마분지
포장</td></tr>
<tr><td>1 lb</td><td>4.9×4.9×17.6</td><td>사각형</td></tr>
<tr><td>70 g</td><td colspan="2">원형 또는 사각형의 덩어리</td><td>교육용</td><td rowspan="3">동구권
(북한군)</td></tr>
<tr><td>200 g</td><td colspan="2">원형 또는 사각형의 덩어리</td><td rowspan="2">기름종이
포장</td></tr>
<tr><td>400 g</td><td colspan="2">원형 또는 사각형의 덩어리</td></tr>
</table>

그리스어 Tri-nitro-toluen의 약자로 석유부산물인 톨루엔을 세 번 니트로화 시켜 제조하게 된다. 충격과 마찰에 둔감하여 안정성이 높고 방수효과가

뛰어나다. 하지만 오랜 시간 습기에 노출되면 불발율이 높아진다.[21] 단독으로 사용되기도 하나 다른 폭약을 제조하는 원료로 사용되기도 한다.[22] 표적파괴용 폭약 또는 포탄, 폭탄의 작약이나 지뢰의 작약으로 사용된다. 연소 및 폭발시 검은 연기가 발생하며 유독가스를 발생시켜 밀폐된 공간에서는 사용에 주의를 요한다.

TNT는 군용폭약의 위력 기준이 되는 폭약으로 위력계수 1.00의 상수를 부여하고 있다.[23] 〈표1-3-5〉와 같이 우리군을 비롯한 NATO계열과 북한을 비롯한 동구권의 TNT 규격이 다르다.

나. M1 Dynamite(군용다이너마이트)

Nitroglycerine이 주성분인 상업용 다이너마이트와 달리 RDX와 TNT가 주성분이며 위력은 상업용 다이너마이트와 동일하다.

〈표1-3-6〉 Dynamite

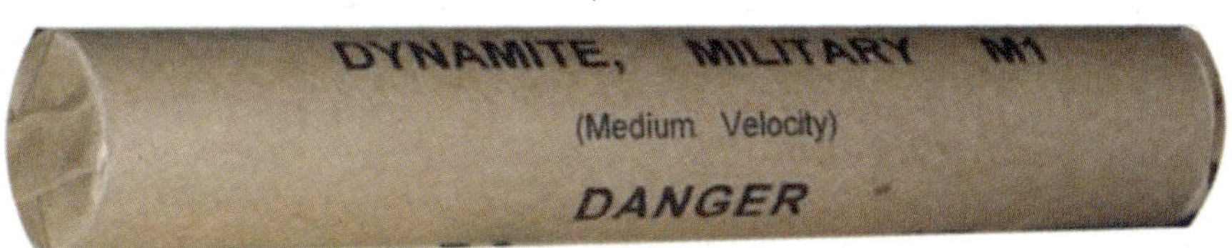

21) 2010년11월23일 북한군의 연평도 포격에 사용된 240mm방사포 탄두에 충전된 TNT(북한명 "뜨로찔") 대부분이 불발되어 폭발이 아닌 연소가 되버렸다.

22) 베트남전 당시에는 베트콩이나 북베트남군이 TNT를 가루로 만들어 자루에 넣어 부비트랩 등에 사용하는 경우가 많았다.(서경석 저 「전투감각」, 홍희범 저 「VIETNAM WAR」)

23) 군용폭약의 위력기준이면서 폭발물테러나 핵무기의 위력을 표현하는 경우에도 TNT가 기준이 된다.

종류(무게)	규격(cm)	형태	외형	비고
0.5 lb	(둘레) 3.2×20	원통형	파라핀코팅지	NATO계열 (우리군)
100 g	(둘레) 3~3.2	원통형	파라핀코팅지	동구권 (북한군)
150 g		원통형	파라핀코팅지	
200 g		원통형	파라핀코팅지	

상업용보다 안정성이 높지만 제조비용이 상업용보다 많이 들어간다. 내용물 자체는 펄프조각이나 과립형 결정체로 플라스틱폭약과 유사하여 필요시 성형도 가능하다.[24] 우리군과 달리 북한군은 상업용 다이너마이트와 마찬가지로 Nitroglycerine이 주성분으로 사용하며 충격에 민감하고 특히 겨울철 동결 시에는 극히 민감하여 안전사고로 이어질 수 있다.[25]

다. Composition C4

가장 보편적으로 쓰이는 폭약으로 RDX가 주성분으로 가소제와 혼합되어 성형이 가능한 플라스틱폭약이다. 다양한 환경에서 목적에 맞게 사용가능하여 NATO계열뿐 아니라 동구권을 비롯해 테러조직까지 광범위하게 사용되나 북한군의 경우는 TNT를 주로 사용한다.[26]

충격 마찰에 상당히 둔감하나 가소제의 영향으로 화기에 약해 잘 연소된다. 또한 악조건에서 사용이 가능하며 수중폭파도 가능하다.[27] 또한 낮은 온도에서 단단해지지만 체온 등으로 온도를 올려주거나 계속 주무르면 성형이 가능해 진다.

24) Composition C4 보다 단단하지만 힘을 가해 성형이 가능하다. 필요시 성형장약으로 사용이 가능하지만 위력이 낮아 효과는 Composition C4에 비해 현저히 떨어진다.(직접실험 : 2008년 제1공수특전여단)

25) 6℃에서 동결

26) 특수공작 활동에서는 사용하나 직접 생산하지는 않음(KAL858 폭파사건 때 라디오에 C4 설치)

27) -56.6~+16.6℃의 조건에서도 성형가능

〈표1-3-7〉 Composition C4

종류	규격(cm)	형태	외형	비고
M112 / KM112 (1.25 lb)	5×2.5×28	사각형	국방색필름/접착 용양면테이프	NATO (우리군)
M5A1 / KM5A1 (2.5 lb)	5×5×28	사각형	백색플라스틱 용기	NATO (우리군)

라. Tetryl

고성능폭약으로 Dimethylanilin을 진한 강산용액에 녹여 혼산을 넣고 니트로화하여 제조하며 뇌관이나 신관의 첨장약 및 전폭약으로 사용되고 있다.[28] 옅은 노란색 결정으로 흡습성이 없고 물에 녹지 않는다.

28) 고성능으로 M14(우리군 KM14)대인지뢰의 작약 등으로도 사용된다.

〈그림1-3-2〉 Tetryl과 M14 대인지뢰

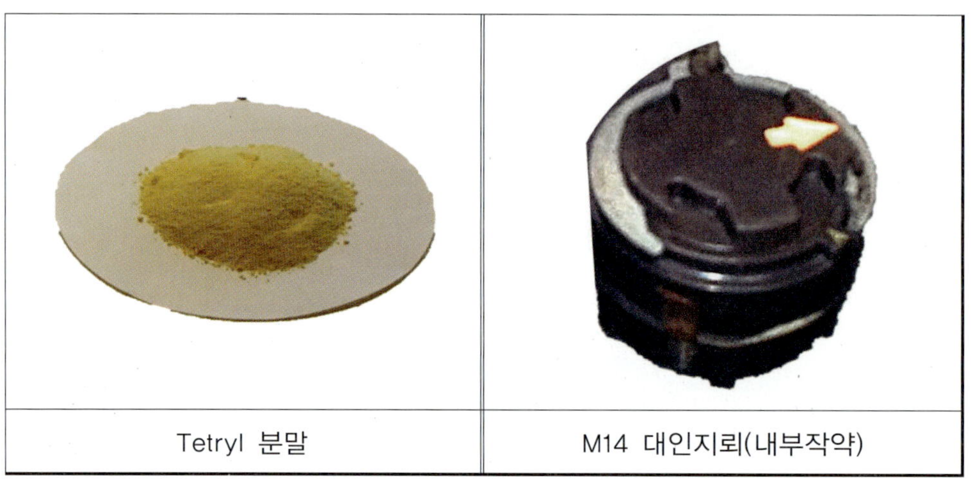

Tetryl 분말	M14 대인지뢰(내부작약)

마. Tetrytol

Tetryl을 주성분으로 TNT와 합성하여 제조한 폭약으로 TNT보다 충격에 민감하여 소화기 사격으로 폭발이 가능하다.[29] 구조물 절단을 비롯한 각종 폭파작업에 TNT 대용으로 사용한다.

바. Composition A3

RDX와 왁스를 혼합하여 만든 합성폭약이다. 왁스는 RDX를 코팅하여 감도를 둔화시키는 역할을 하며 플라스틱폭약의 성질을 갖게 한다. 짙은 냄새가 발생하며 접착성이 있어 맨손으로 만지면 피부에 묻어 오염된다. 기온이 떨어지면 굳어 잘 부서지며 점화 시 맹렬하게 연소되며 재가 남지 않는다. 성형장약이나 파괴통의 기폭약으로 사용된다.

29) 위력이 TNT보다 강하면서도 민감하여 전투용 파괴약으로 널리 이용되고 있다. 민감도는 소구경탄환의 충격으로도 폭발하기 때문에 점화기재가 없어도 사용이 가능하다.

사. Composition B

RDX[30]와 TNT를 주성분으로 왁스를 혼합한 합성폭약이다. TNT보다 예민하고 파괴력과 폭속이 높아 성형장약이나 고폭탄의 작약으로 사용되며 수류탄에도 사용된다. 특이사항으로 Na_2SO_4 + H_2O의 혼합물에 녹는다.[31]

아. Composition C2

RDX를 주성분으로 가소제에 TNT를 비롯한 폭발성분이 혼합되어 제조된다. 플라스틱 폭약으로 Composition C4가 개발되기 전 사용되었으며 현재는 거의 사용되지 않는다. 전반적으로 Composition C4와 성질이 비슷하나 51℃ 이상의 기온에서 보관하거나 과도한 변형 시 기름과 가스가 유출된다.

자. Composition H6

〈그림1-3-3〉 KM180 도로대화구킷

30) 고감도 폭약으로 파쇄효과가 매우 크며 폭속은 8,350m/sec 위력계수는 1.6의 고성능 폭약이다. 군용뇌관의 장약이나 감도를 감소시켜 기폭약으로도 사용된다. 또한 Composition 계열 폭약 제조에도 사용된다.

31) 면폭약으로 개조하는 경우 테러에 악용될 수 있어 보안검색요원들에 대한 교육이 필요하다.

RDX와 Al(AlO$_3$), 왁스 등을 혼합한 합성폭약이다. 폭약자체를 휴대 사용하지 않고 KM180 도로대화구 폭파킷의 탄두의 내부작약으로 사용된다.

차. Amatol

Ammonium-nitrate + TNT 합성폭약으로 비율은 50:50, 80:20 두 종류가 있다. 주성분인 Ammonium-nitrate 특성상 흡수성이 있어 밀폐된 용기에 보관하여야 하고 밀폐되지 않으면 감도, 안성성 등이 떨어져 사용이 불가능해진다. 주로 공병용 폭파기재로 사용되며 M1A1 파괴통[32] 등에 사용된다.

카. Pentolite

PETN[33] + TNT 합성폭약으로 혼합비율은 50:50 이다. 주로 고폭탄, 성형장약 등에 사용된다. 간혹 PETN의 비율을 낮춰서 사용하는 경우도 있으며 최고 폭속은 7,800m/sec까지 증가한다.

타. Ammonium-nitrate

군용폭약 중 가장 둔감한 폭약으로 TNT를 기폭약으로 사용하여 폭발시킨다. 폭속이 느려 구조물 절단이나 파괴보다는 대화구[34] 형성에 주로 사용되는데 가성비가 좋아 채석장 같은 상업용 발파에도 널리 사용되고 있다. 치명적인 단점은 흡수성이 매우 커서 밀폐보관 하여야 하며 수중폭파의 경우 방수처리를 해야 한다.

---

32) 보병용 통로개척 장비로 철조망 등을 제거할 때 사용된다.

33) Pentaerythritol +강혼산 방식으로 제조되며 뇌관의 첨장약이나 도폭선의 내부장약 등으로 사용되며 Pentolite 제조나 RDX와 혼합한 Semtex 제조에 사용된다. 아세톤에 잘 용해되어 변형된 폭약으로 개조하여 테러의 수단으로 사용될 수 있어 주의를 요한다.

34) 도로대화구, 대전차구 구축에 사용되는데 액체폭약인 Nitromethane이 사용되기도 한다.

심 화

1. 폭발물의 구조

폭발물의 구조라 함은 폭발성 물질 자체를 말하는 것이 아니라 폭발효과를 의도하여 만들어진 인위적 회로구성을 말한다. 이러한 폭발물은 점화부터 폭발까지 완전체로 제작된 표준폭발물과 각각의 점화기재를 수작업으로 연결하여 점화부터 폭발까지의 회로를 구성하는 폭파회로가 있다.

1) 표준폭발물

표준폭발물은 포탄, 폭탄, 지뢰, 수류탄 등의 종류가 있으며 폭발물 자체에 점화가 가능한 신관 및 뇌관 등이 장착되어 있어 별도의 점화기재가 필요하지 않아 자체 폭발이 가능하다.[1] 이러한 표준폭발물의 예는 다음 〈표 2-1-1〉과 같다.

〈표2-1-1〉 표준폭발물의 예

명 칭	특 성
포 탄	- 정의 : 포를 이용해 발사되는 폭발물 또는 관통자 - 종류 : 대전차고폭탄(HEAT), 고폭탄(HE), 날개안정분리철갑탄(APFSDS), 이중목적고폭탄(HEMP) 등
폭 탄	- 정의 : 항공기를 이용해 투하하는 폭발물 - 종류 : 정밀합동유도폭탄(JDAM), Mk계열폭탄 등

1) 포탄, 폭탄, 지뢰의 경우 신관이 분리되어 있어 사용 전에 장착하여 사용한다.

지뢰/기뢰	- 정의 : 지상에 설치 은닉되어 인마살상 및 차량 등을 파괴하기 위해 제작된 폭발물/기뢰는 수중에 은닉 - 종류 : 대전차지뢰(M15, K441 등), 대인지뢰(M14, M16, PMD-57, POMZ-2 등)
수류탄	- 정의 : 손으로 던지는 소형폭탄 - 종류 : 세열수류탄, 연막수류탄, 섬광수류탄, 최루수류탄 등
총류탄	- 정의 : 소총의 총구에 장착하여 발사하는 소형폭탄 - 종류 : 대인총류탄, 대전차총류탄 등
어 뢰	- 정의 : 수중에서 이동하여 군함 ·잠수함 등에 접촉 및 근접하여 폭발하는 폭탄 - 종류 : 백상어, 청상어 등

가. 포탄

평소 보관시 신관이 결합되지 않은 상태인 분리된 상태로 보관되기 때문에 충전된 폭약 그 자체라 할 수 있다. 신관이 결합된 경우엔 탄두 상단에 위치하는 것이 일반적이다. 내부 작약은 TNT, Composition B, Composition C4 등이 충전되어 있어 필요에 따라 충전된 폭약을 추출하여 사용 할 수도 있다.

〈그림2-1-1〉 포탄의 예-고폭탄(좌)과 대전차고폭탄(우)2)

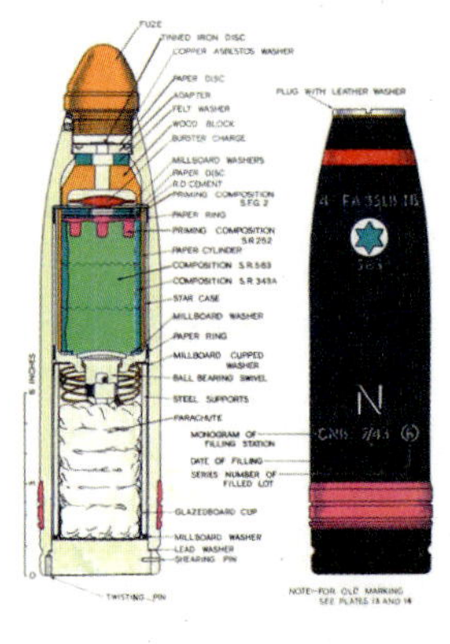

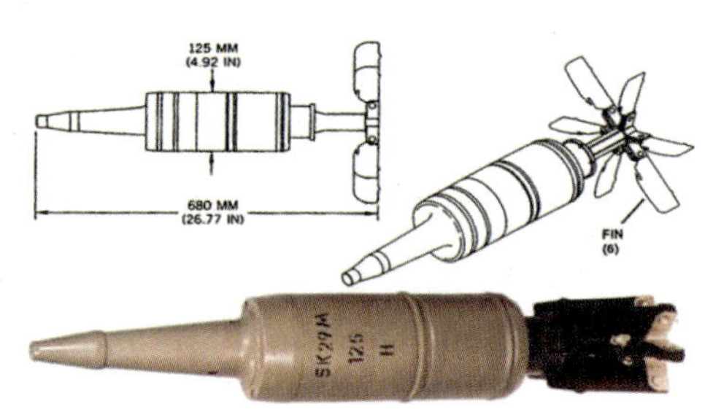

2) 출처 : wikimedia.org

나. 폭탄

〈그림2-1-2〉 폭탄의 예-재래식폭탄과 유도폭탄[3)]

포탄과 마찬가지로 신관이 분리되어 보관되거나 안전핀이 결합된 상태에서 보관된다. 폭탄은 무유도 방식의 재래식 폭탄과 유도방식의 유도폭탄으로 나뉘며 폭탄과 같이 항공기에서 운용되지만 자체추진이 가능한 폭탄은 무유도방식의 로켓과 유도방식의 미사일로 나뉜다.

3) 출처 : wikimedia.org

다. 지뢰

〈그림2-1-3〉 지뢰의 예-대인지뢰(좌)와 대전차지뢰(우)[4]

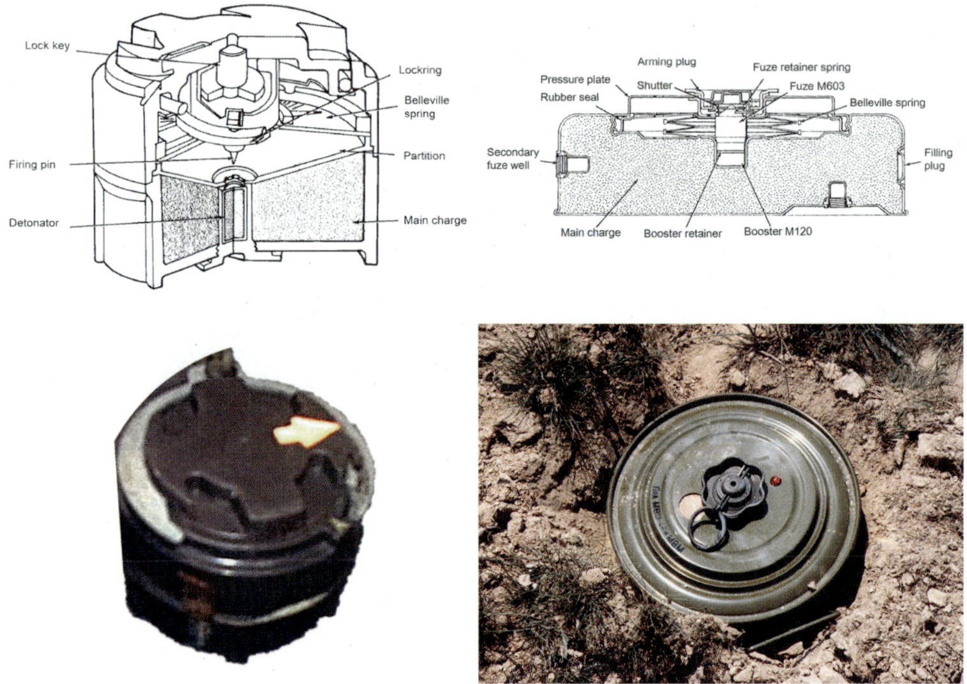

지뢰는 신관과 분리되어 보관되는 지뢰와 안전핀이 결합되어 있는 지뢰까지 다양한 형태를 이루고 있으며 크게 인마살상 목적의 대인지뢰와 전차 또는 차량 파괴를 목적으로 하는 대전차지뢰로 나뉠 수 있다. 신관 및 격발의 형태가 다양하고 복잡한 경우가 많아 지뢰에 대한 지식이 충분하지 못하면 조작 중 사고로 이어질 수 있다. 특히 NATO계열 지뢰보다 동구권[5]

4) 출처 : wikimedia.org
5) 구소련을 중심으로 하는 바르샤바조약기구 계열의 무기체계로 북한의 무기체계도 이에 속한다.

의 지뢰가 구조적으로 간단한 경우가 많지만 그만큼 안전을 담보할 수 없는 경우가 많아 취급 시 주의를 요한다.6)

라. 수류탄/총류탄

수류탄은 손으로 던지는 소형폭발물을 말한다. 이것을 더욱 멀리 투척하기 위해 개발된 것이 총류탄이다. 일반적으로 수류탄은 0.5lb 이하의 고성능화약으로 충전되어 있으며 총류탄은 그보다 많은 양의 고성능화약으로 충전되어 있다.

〈그림2-1-4〉 수류탄과 총류탄

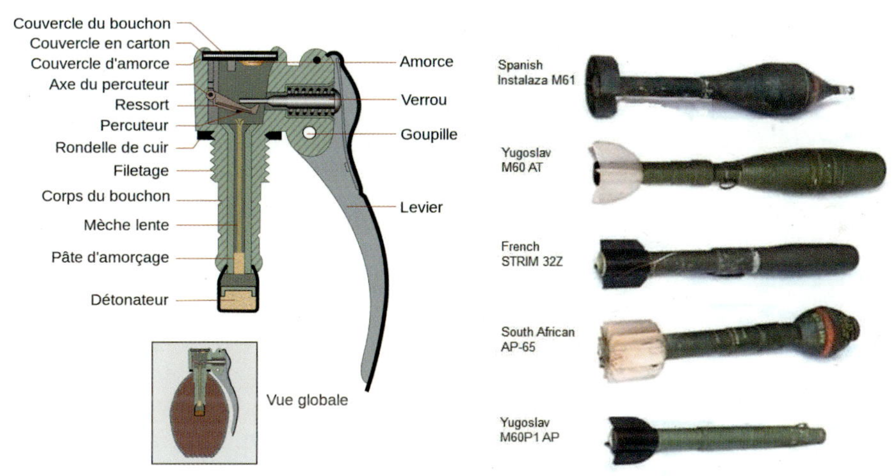

6) 일명 필통지뢰 또는 도시락지뢰로 불리는 PMD-57의 경우 북한에서 흔히 사용되는 대인지뢰로 1kg의 압력에 신관이 작동되며 간단한 구조로 설치 중 폭발할 수도 있다. 실제로 장마철 한강 하류 등에 북한의 PMD-57이 대량 유실되어 우리 민간인 피해가 잦다. 또한 1사단지역 MDL남쪽에 설치되어 우리국군 부사관 2명이 중상을 입을 사례가 있다.

마. 기타

그 외에 공병 작업용 폭발물이나 광범위한 지역에 대한 개척을 위해 호스형태의 폭발물[7]도 사용되고 있어 취급지식이 없는 경우 폭발물로 인지 못할 수도 있다.

〈그림2-1-4〉 공병폭발물의 예-파괴통과 성형장약탄

2) 폭발물 점화회로의 구조적 특성

표준폭발물을 제외한 모든 폭발물은 사용자가 직접 회로를 설계하고 구성하게 된다. 따라서 사용자의 능력과 사용목적에 따라 다양한 회로구성과 특징을 가지게 된다. 이러한 인위적 회로는 크게 전기식과 비전기식 회로로 나뉘며 다음 장에서 공부할 급조폭발물을 제외한 일반적인 폭발물회로에서는 앞에서 언급한 두 가지 방식의 회로가 있다.

7) MICLIC(Mine Clearing Line Charge)

가. EDPS

기본적인 폭발물 회로구성은 EDPS[8])로 구성된다. 이러한 구성은 전기식 점화회로 구성의 필수요소라 할 수 있다.

대표적으로 클레이모어[9])를 들 수 있다. 클레이모어는 일반적으로 격발기 자체에 발전기가 내장되어 있으므로 발전기가 에너지를 공급하므로 EDPS의 기본 구성요건을 충족시키고 있다.[10]) 또한 응용하여 격발기가 없는 경우 또는 격발기가 아닌 다른 방법으로 전원 공급을 하여 클레이모어를 격발시킬 수 있다.[11]) 최근에는 기계식 릴레이회로[12])나 전자식 초퍼회로[13])가 테러에 사용되면서 더욱 복잡해지는 경향이 있다.

〈그림2-1-5〉 EDPS 회로의 구조 예시

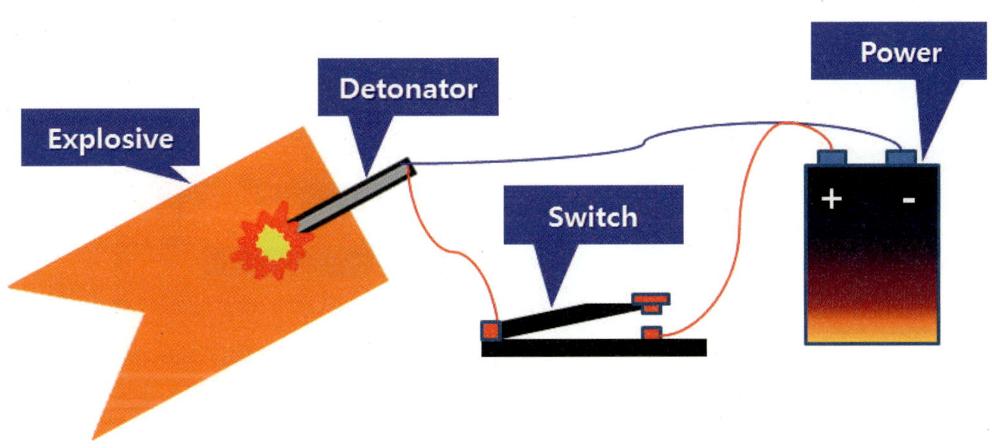

8) 폭약(Explosive)-뇌관(Detonator)-전원(Power)-스위치(Switch)
9) NATO 제식명 "M18A1", 우리군 제식명 "KM18A1"
10) 클레이모어용 격발기는 격발스위치를 누르는 운동에너지를 이용하여 내부 고일의 저항을 일으켜 전기를 발생시킨다.
11) 일반적인 군용뇌관은 1.5V 배터리 두 개를 직렬로 연결시 점화 가능. 뇌관의 수량이 증가할 때마다 전압을 충분하게 높여야 한다.
12) 설정된 전기량에 대응해서 전기적 입력의 형태를 식별후 전기회로의 개폐를 제어하는 기기
13) 직류를 교류로 전환하는 회로

나. 전기식 병렬회로

점화회로 유형 중 하나로 2개 이상의 뇌관 사용 시 동시폭파를 위해 사용되며 1개소의 회로에 이상이 발생해도 문제없이 점화가 된다. 병렬회로 특성상 뇌관 마다 필요전기량을 계산하여 충분한 전기가 공급되지 않으면 불발될 수 있다.

〈그림2-1-6〉 전기식 병렬회로

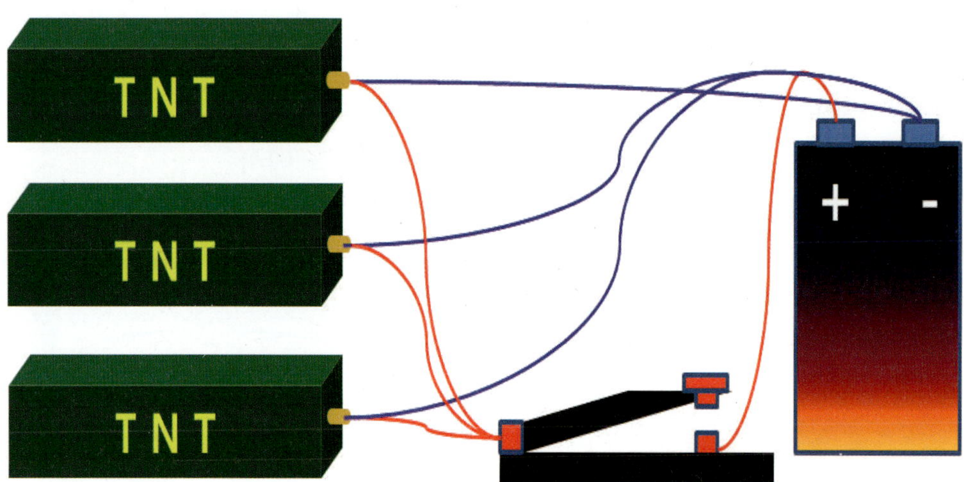

다. 전기식 직렬회로

점화회로 유형 중 하나로 처음 시작된 회로가 모든 뇌관을 잇는 회로구성으로 소규모 점화 시 사용된다. 한 개의 회선으로 연결된 회로이기 때문에 회로 절단 등의 문제가 발생되면 정상적인 점화가 불가능해진다. 특히 전기식 회로인 경우 모든 뇌관에 점화가 불가능하다.

일반적으로 테러 등의 범죄나 긴박한 군경의 작전에 쓰이나 불발 위험이 있어 점화회로를 이중 설치하여 불발의 위험을 줄이는 경우가 많다.

〈그림2-1-7〉 전기식 직렬회로

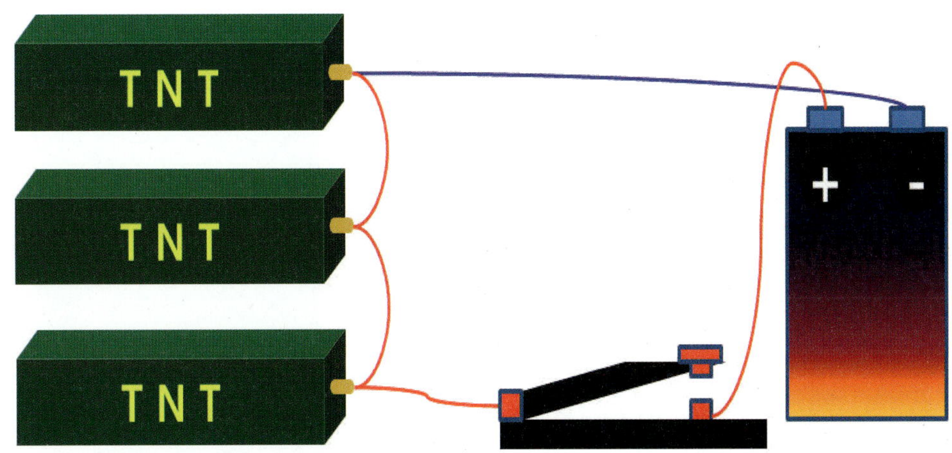

라. 전기식 직병렬회로

〈그림 2-1-8〉 전기식 직병렬회로

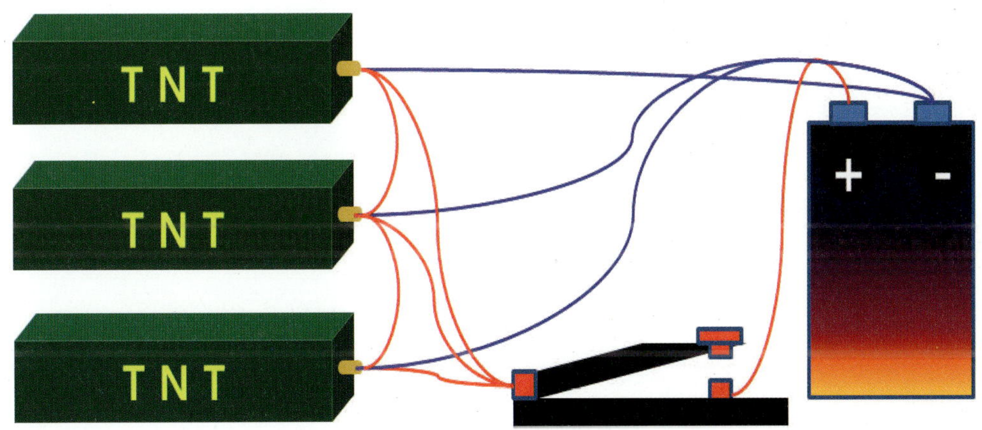

대규모 폭파 시 사용되며 직렬과 병력의 혼합형 회로이다. 주로 구조물 해체 또는 산업용 발파에서 많이 사용되는 회로구성이다.

마. 비전기식회로(일반)

〈그림2-1-9〉 군용도화선과 상용 Shock Tube

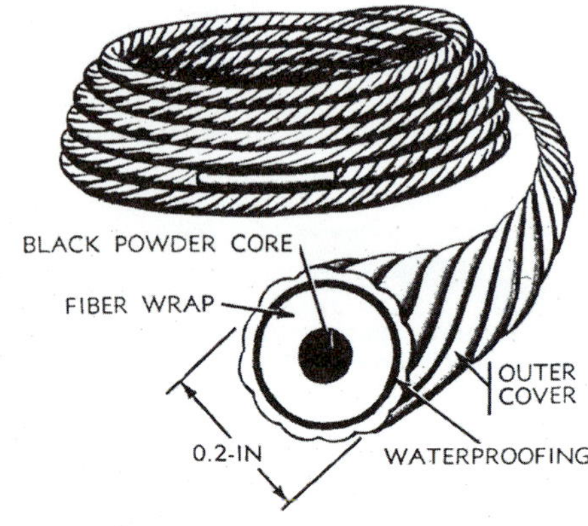

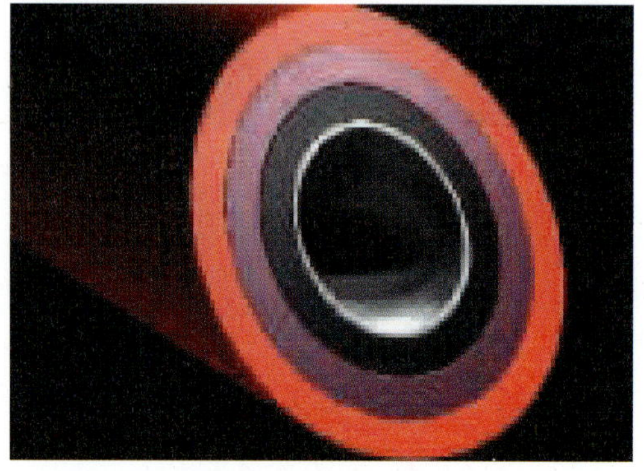

Shock Tube의 단면

비전기식회로는 전기가 아닌 비전기식뇌관에 불꽃을 직접 전달하여 점화하는 방식으로 이때 불꽃을 전달하는 수단은 일반적으로 도화선이 사용된다. 도화선은 군용과 상업용[14]이 형태와 구성이 다른데 군용의 경우 수지제 호스 안에 흑색화약 등이 충전되어 있어 도화선 한쪽을 점화시키면 도화선 내부 장약의 상태나 압력 등 상황에 따라 다른 연소속도를 나타낸다.[15] 따라서 안전한 사용을 위해 사용 전 연소속도를 측정해 보는 것이 좋다.

광산 및 터널 발파 등 민간에서 사용되는 상용 도화선의 경우 도폭선과 도화선의 특징을 결합한 형태인데 수지제 호스 내부 벽면에 고성능 폭약[16]을 코팅한 형태이다. 상업용의 경우 종류마다 다른 연소속도를 가지고

14)Shock Tube

15) 일반적으로 30~45sec/30cm

16) HMX

있어 종류에 따라 전기식과 같은 동시폭파도 가능하다.[17] 일반적인 형태의 비전기식 점화회로는 EDFF[18] 구조로써 도화선에 불꽃이 전달되면 도화선을 통해 뇌관에 불꽃이 전달되어 점화되는 방식이다.

〈그림2-1-10〉 EDFF 회로의 구조예시

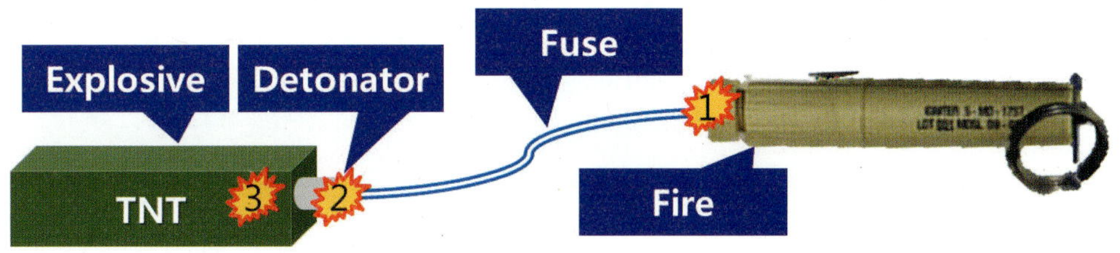

위의 〈그림2-1-10〉과 같은 형태의 회로는 일반적이고 정상적인 군용 비전기식 점화회로이다. 같은 회로에서 점화방법은 다양해 질 수 있는데 가령 〈그림2-1-10〉과 같은 Fuse Lighter가[19] 없다면 라이터나 성냥 등으로 도화선에 직접 점화가 가능하기 때문이다.

17) 빠른 폭속을 가진 도화선의 경우 일정 규모에 힌해 전기식과 같은 동시폭파 효과를 가질 수 있으며 전기회로 혼용으로 다양한 효과를 줄 수 있다.
(한화 : 17~7,000m/sec , 고려노벨 : 17~6,000m/sec)

18) 폭약(Explosive)-뇌관(Detonator)-도화선(Fuse)-불꽃(Fire)

19) 일회용 점화기로 삽입구에 도화선을 연결하여 안전핀을 당겨 불꽃을 만들면 도화선에 불꽃이 전달되는 방식(제식명 : M2, M60, M81 등 다수)

〈그림2-1-11〉 Fuse Lighter가 연결된 점화회로[20]

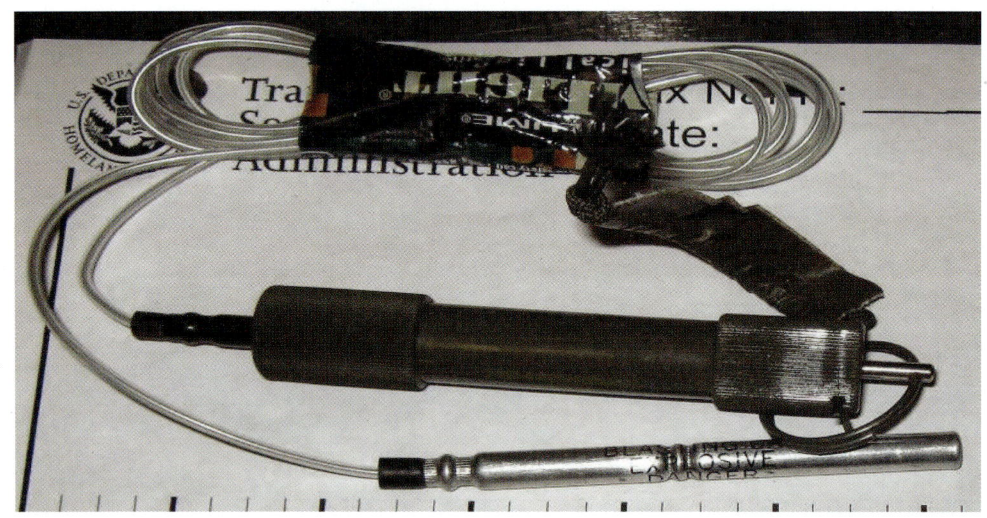

또한 다음의 〈그림2-1-12〉와 같이 다양한 형태의 Fuse가 존재하는데 종류에 따라 총의 공이와 같은 역할을 하여 점화를 하기도 한다. 이러한 Fuse들은 사용자에 의한 직접점화 외에도 Booby Trap(B/T)[21]으로 응용되어 사용되어진다.

20) US. Transportation Security Administration 2013
21) 부비트랩은 일종의 지뢰형 IED라 할 수 있다. 지뢰의 특징과 IED의 특징을 모두 가지고 있기 때문이다.

〈그림2-1-12〉 Fuse Lighter가 응용된 B/T[22)]

22) 각종 Fuse Lighter가 결합된 Booby Trap으로 제2차 세계대전 당시부터 다양하게 운용되고 있다.

2. 폭발물의 검색

폭발물의 검색은 경호현장 뿐 아니라 공항보안검색, 군 작전을 비롯한 다양한 현장에서 필요한 보안절차이자 행동유형이다. 본 교재에서는 소개되는 대표적인 현장의 폭발물검색 방법에 대해 알아보도록 하자.

1) 방문자통제소(VCC : Visitor Control Center) 운영

〈그림2-2-1〉 방문자통제소(VCC) 운영의 예

△ Zaytun 부대의 VCC 초소로 모든 상황을 감시 및 통제 가능한 고가초소(사진중앙 고가초소)와 방문자 신분별로 별도의 출입구를 설치하였으며 상황발생 시 폭발 및 기타 공격으로부터의 보호를 위해 모래주머니와 방공호로 격실을 설치하였다.

경호(행사현장), 시설경비(국가중요시설, 군사기지 등) 등에서 운영하는 전초검문시설로써 방문자에 대한 직접 검문 보다는 방문자가 검문절차에 진입 할 수 있도록 통제하는 시설이다. 폭발물을 비롯한 테러 및 기타 공격의 위험성이 높거나 필요할 경우 설치되어 운영된다. VCC는 방문자에 대한 통제뿐 아니라 방문자가 최초 마주하는 단계이기 때문에 테러범의 경우 심리적 불안을 유발할 수 있어 예방적 차원에서도 효과를 볼 수 있다. 또한 VCC에서 본 검문소 및 검색대까지의 이동로를 차량과 도보를 분리하고 이동로 형태를 "S"자로 설계하여 범죄자로 하여금 심리적 불안감을 가중할 수 있다. 실례로 이라크에 파견되었던 Zaytun 부대에서 VCC 운영의 좋은 선례를 남겼었다. Zaytun 부대의 VCC는 공항과 주둔지 사이를 가로지르는 도로가 만나는 교차로 상에 위치해 있어 현지 민병대인 Peshmerga 초소와 함께 연합 검문소로써의 역할도 일부 수행할 수 있었다.

위와 같은 VCC 운영은 모든 시설이나 행사장에서 운영 가능한 것은 아니다. 대부분의 민간시설 및 행사장은 그러한 보안개념을 예상해서 설계된 것이 아니기 때문이다. 이러한 경우에는 현장 상황에 맞게 VCC의 위치나 운영 형태를 맞춰야 한다.

2) 대인검색

보안이 필요한 모든 현장에서 기본적으로 수행하는 검색절차로써 1차 문형 금속탐지기(M/D), 2차 휴대용 금속탐지기(H/D) 순으로 진행되며 보안등급이 높은 시설이나 경호현장의 경우 1,2차 검색에서 의심징후 발견 시 재검사 실시 후 촉수검사, 정밀검사 등으로 진행된다. 이러한 절차는 공항의 보안검색 절차이나 거의 모든 시설과 행사장에서 응용가능한 절차이며 일부 보안 등급이 높은 행사장에서는 부분적으로 실시하고 있다.

〈표2-2-1〉 공항보안검색에서의 대인검색 절차

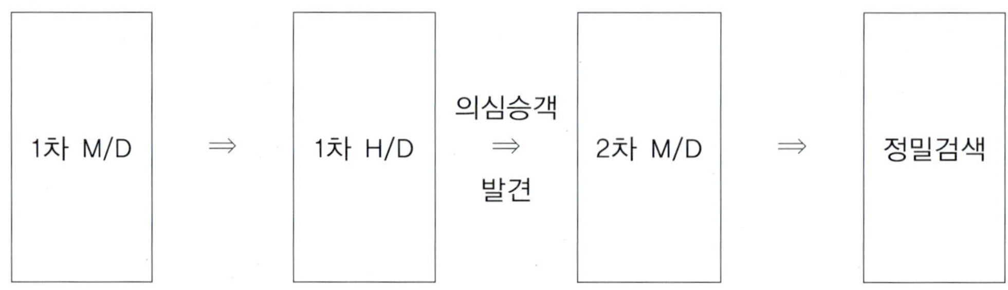

위의 〈표2-2-1〉에서 정밀검색에 들어가는 경우 국가나 공항마다 다르지만 X-ray등을 이용하여 전신스캔을 진행하게 된다. 이때부터 X-ray에 의한 판독이 필요한데 일반적으로 전신스캔 상황에서는 신체에 비정상적인 구조물 또는 물질이 확연하게 보이기 때문에 거의 모든 위해물품을 확인할 수 있다.

위와 같은 X-ray 전신스캔은 보안검색의 입장에서는 보다 확실한 방법이 될 수 있지만 인권침해 논란이 일고 있다. 미국의 일부 공항에서는 상시 전신스캔 제도를 도입하여 오다가 공항이용객들의 전신스캔 이미지가 유출되어 인권침해 논란의 중심에 있기도 했었다. 우리나라의 경우는 위험정황 또는 밀수정황이 의심되는 경우 정밀검색에 단계에서 제한적으로 실시되고 있으며 상시운영에 대한 필요성이 요구되고 있지만 인권침해에 민감한 우리나라 특성상 실시되고 있지 않고 있다가 인천국제공항 제2여객터미널이 개장하면서 전신스캐너가 도입되어 운영되기 시작했다. [23]

23) 인천국제공항에서 도입 운영되는 전신스캐너는 기존의 전신스캐너의 인권침해 등의 문제로 인한 거부감을 해소하기 위해 원형전신탐색기로 명칭하고 있다.

〈그림2-2-2〉 X-ray 전신스캔의 예시[24)]

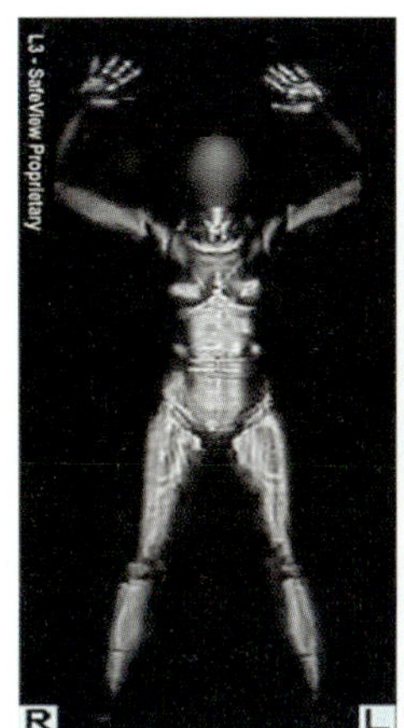

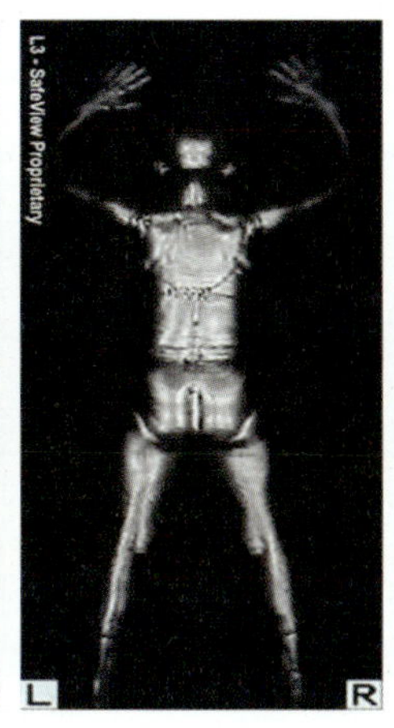

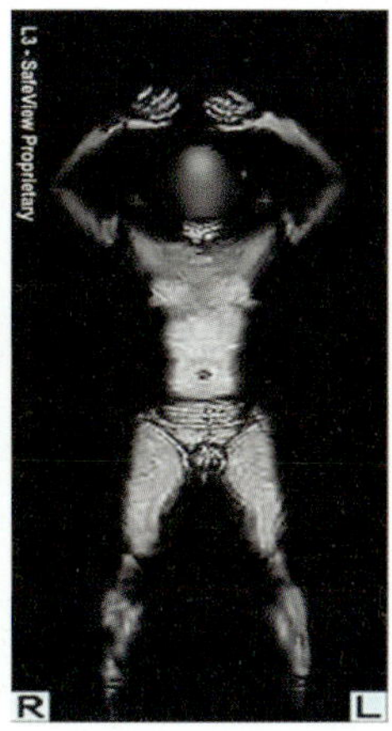

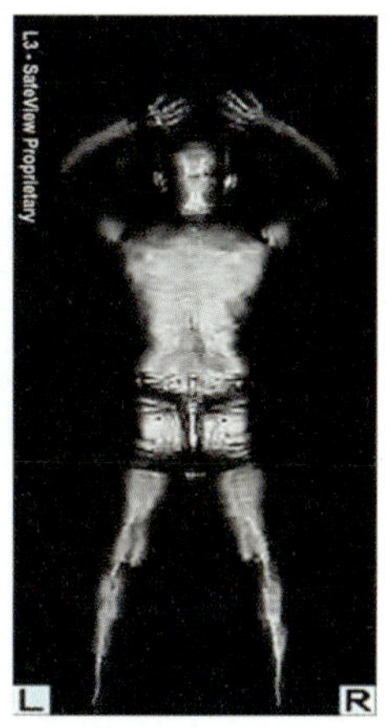

〈그림2-2-3〉 신개념 X-ray 전신스캔의 예시[25)]

24) 출처 : wikimedia.org

25) 인천국제공항 제2여객터미널 개항과 더불어 설치된 전신스캐너는 기존의 인권침해 이미지에 대한 변화를 주기위해 원형전신탐색기로 명명하여 운영 중이다.

최근 새로운 전신 스캐너의 경우 화면상에 검색대상인원의 신체나 내부가 드러나지 않고 판독화면에 애니메이션 처리되어 나오고 있다. 대신 데이터에 있는 비정상적인 물체가 있는 경우 위치 및 형태만 나타내주는 방식이다. 이러한 방식의 전신스캐너는 인권문제에서도 자유로울 수 있다.

3) 물품검색-휴대물품 및 위탁수하물

휴대물품검색은 공항보안검색에서의 휴대수하물검색과 같은 개념이다. 또한 대인검색과 동시에 이루어지는 검색절차가 되겠다. 휴대물품은 경우에 따라 휴대 가능한 전자제품을 비롯한 다양한 물품이 있는데다 다중이용시설이나 행사장의 경우 지체되는 시간에 대한 부담으로 짧은 시간에 검색이 이루어져야 하는 상황에 직면한다.

대표적으로 공항검색의 경우 X-ray를 이용한 판독이 이루어지는데 숙련된 판독요원이 짧은 시간에 판독하여 위해여부를 판단하여야 한다. 이 경우 판독요원의 숙련도 뿐 아니라 위해물품에 대한 특성을 잘 인지하고 있어야 하는데 단적인 예로 폭발물의 경우 기본구조와 특징을 벗어나면 놓치기 쉬운 상황이 벌어진다.

〈표2-2-2〉 휴대수하물 검색절차

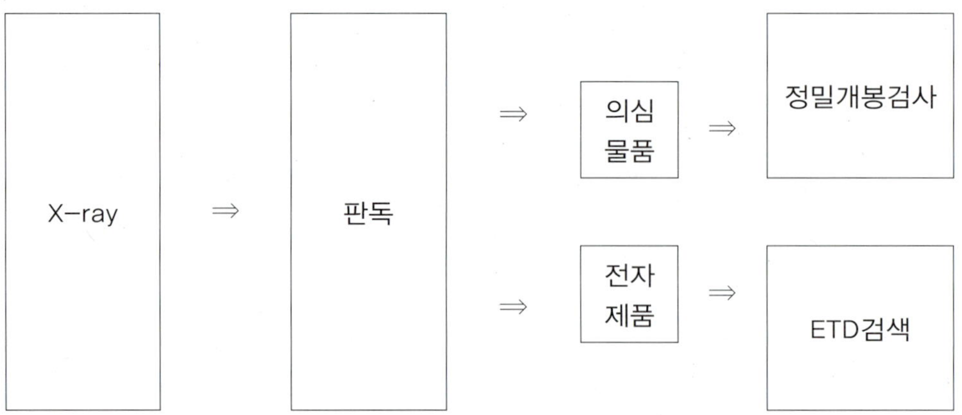

위의 〈표2-2-2〉의 과정에서 X-ray 판독은 4가지 색상으로 표현되는 화면으로 하게 되는데 물질의 재질과 밀도에 따라 표현되는 형태가 다르다. 현재 운영 중인 보안검색용 X-ray에서 표현되는 기본적인 색상은 아래 〈표2-2-3〉, 〈그림2-2-4〉와 같다.[26]

〈표2-2-3〉 X-ray 영상판독

구 분	색 상	판독기준	종 류
유기물	오렌지	색상/밀도	폭발물, 마약, 가죽제품, 음식류, 플라스틱, 의류, 설탕, 지폐 등
무기물	청 색	모 양	금속류(총기, 실탄, 도검) 등 금속물질
혼합물	녹 색	색상/모양	유기물, 무기물의 혼합물, 가스 성분이 들어있는 혼합물질 등
탐지불가 (고밀도)물질	흑 색	색상/모양	두꺼운 금속물질, 납 포함물질 등

〈그림2-2-4〉 X-ray 판독영상

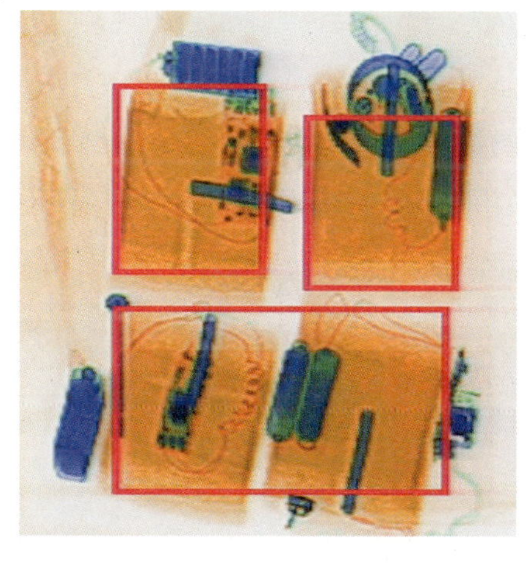

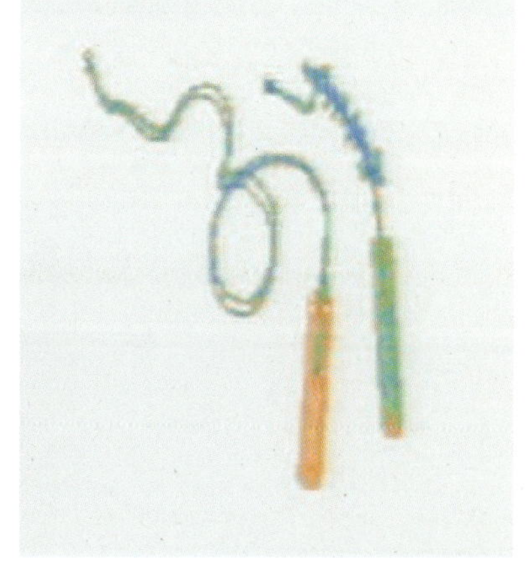

26) 구형 X-ray는 흑백 처리됨

위의 〈그림2-2-4〉 좌측 사진의 경우 적색 사각형이 표현되는데 이것은 폭발물 확률이 높은 경우 미리 프로그래밍 된 알고리즘에 의해 표시되는 화면이다. 하지만 프로그래밍에 의한 검색은 완벽하지 않기 때문에 아직까지는 판독요원의 기술적 능력이 중요하다.[27)]

공항의 경우 휴대물품에 의심정황이 발견되는 경우 〈표2-2-2〉와 같이 정밀개봉검사나 ETD[28)]검색을 실시하게 되는데 공항 외의 기관이나 행사장 보안검색 시에도 동일한 방법을 실시하는 경우 보안검색의 신뢰도를 높일 수 있다.

〈그림2-2-5〉 CBT 훈련과 대인검색 및 X-ray 판독훈련

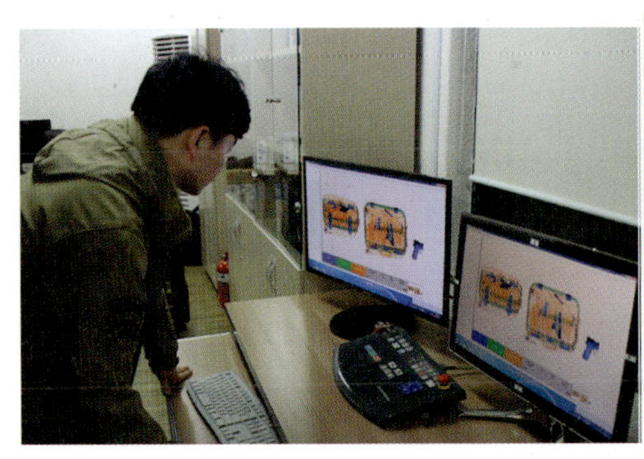

위의 같은 상황에서 공항을 비롯한 철도, 항만 등 교통시설은 휴대수하물 외에 위탁수하물이 있을 수 있다. 이 경우 공항에서는 컨베이어벨트(BHS)로 이동하여 X-ray 자동판독 및 판독요원에 의해 2차 판독까지 실시하게 된다. 이때 이상이 있는 경우 승객 입회하에 개장검사를 실시하며 육안식별이 곤란하거나 위험성이 의심되는 경우 CTX장비에 의해 정밀검사를 실시하게 된다. CTX로 식별이 곤란한 경우에는 ETD장비로 검사한다. 이러한 절차는 공항에서만 실시하고 있지만 철도나 항만여객터미널 등에서도

27) 우측 사진은 사제뇌관

28) Explosives & Narcotics Trace Detection (폭발물 및 마약흔적탐지)

필요한 절차이다. 다만 철도의 경우 역사 구조가 보안검색을 대비하지 않은 개방적 구조로 설계되어 있어 이에 대한 개선이 필요한 상황이다.

위에서 언급했듯이 우리나라 철도의 경우 가장 취약한 상황이다. 일부 KTX 역사에서 시범적으로 보안검색대를 운영 중이지만 시범적 운영일 뿐 실질적 보안검색은 쉽지 않은 상황이다.[29] 하지만 올림픽 등 국제행사에서의 철도비중이 높아지고 국가차원에서 대테러대비 정책이 강화되는 상황에서 철도경찰대 자체에서 보안검색 능력을 강화하기 위한 노력이 진행 중이다. 철도역사의 구조상 문제나 서비스 중심의 현재 운영체계 속에서도 검색요원의 자질 향상을 위해 전문기관[30]에서 위탁교육을 실시하거나 보안검색대회 등을 개최하여 철도경찰대 검색요원들의 자질향상을 유도하고 있다.

〈표2-2-4〉 교통시설 위탁수하물의 검색절차[31]

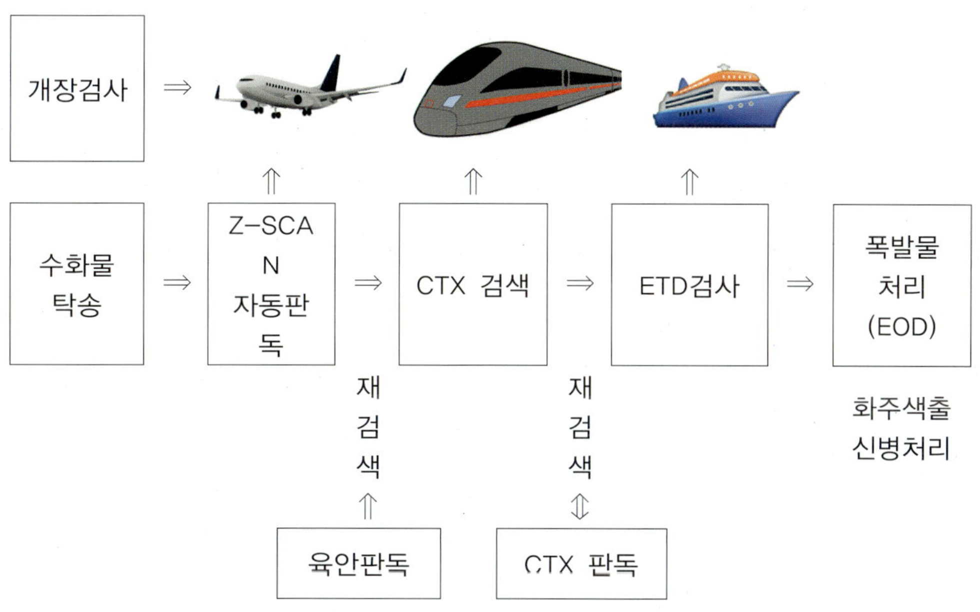

29) 2017년 12월 기준
30) 아세아항공직업전문학교 등
31) 정진만(2016). 「공항보안검색을 통한 폭발물탐지 연구」 재구성

4) 탐지견 운영

탐지견은 어디서나 운영하기 좋지만 서비스 제공의 입장에서 고객 즉, 검색대상자들에게 불쾌감을 줄 수 있다. 예를 들어 개에 대한 공포증이 있거나 알레르기 등의 거부반응이 있는 경우가 있기 때문에 대인 검색 보다는 위탁수하물 및 기타 물품에 대한 검색에서 운영이 가능하다. 이러한 탐지견은 1/100,000,000단위의 냄새까지 구별이 가능할 정도로 발달하여 있고 일반적으로 7~10년 정도 활동이 가능하다. 다만 생명체이기 때문에 온도와 습도에 민감하고 지속임무 수행이 어려워 30~60분 정도 운용이 가능하다.

〈그림2-2-6〉 ETD 사용과 탐지견 운영

5) 폭발의심 물품

폭발물 테러의 경우 버려진 물품 또는 흔히 보이는 물품으로 위장하여 설치되는 경우가 많다. 우리나라의 경우 1986년 김포국제공항 청사 폭발물

테러의 경우 당시 흔히 설치되어 있던 금속제 쓰레기통 안에 폭발물이 설치되어 있었다.[32] 이러한 형태의 폭발물 설치는 화약이 발명된 이래 다양한 형태로 사용되어 왔지만 최근 미국 주도의 대테러전쟁[33]과 DAESH(IS) 소탕작전[34]을 진행하면서 보다 다양하고 강력하게 등장하게 된다. 바로 급조폭발물로 통칭되는 IED의 발전과 폭발물 은닉과 기만전술의 발전이다. 폭발물 은닉과 기만전술은 IED가 아닌 표준폭발물에 의한 공격에도 자주 사용되면서 대테러전쟁의 참여하는 각국의 군인들에게 상당히 부담이 되버린다.

〈그림2-2-7〉 김포국제공항 국제선 테러현장

32) 1986년 5월14일 15시12분 김포국제공항 국제선 1층 청사외부에 설치된 철제 쓰레기통이 폭발하여 부부 등 5명이 사망하고 19명이 중경상을 입었다. 당시 사건이 축소되어 잊혀 졌다가 2009년경 일본계 스위스 베른신문기자인 무라타 노부히코에 의해 당시 유명한 테러조직인 ANO(Abu Nidal Organization)이 김정일에게 500만 달러를 받고 저지른 테러임이 밝혀졌다. 〈그림2-2-7〉적색사각에 쓰레기통 위치

33) Al-Qaeda에 의한 9.11테러 이후 미국수도의 다국석군이 아프가니스탄과 이라크를 상대로 대테러전쟁을 벌여 두 국가의 정권교체를 이뤘다.

34) 미국주도의 대테러전쟁으로 인해 아프가니스탄을 거점으로 하던 Al-Qaeda와 탈레반 세력이 약화되고 이라크북부와 시리아 남동부에서 활동하던 Al-Qaeda 지부가 칼리프국가를 주창하며 이슬람국가라는 조직을 만들어 불특정 다수에 대한 무차별 테러를 감행하여 다국적군에 의해 소탕되고 있다.

일단 폭발의심물체 발견 시 EOD에 의해 처리가 되는데 일반적으로 EOD 로봇과 휴대용 X-ray장비가 사용된다. EOD에 의해 처리절차가 진행되기 전에 폭발의심물체가 발견되면 EOD 도착 전까지 안전구역을 설정하여 접근을 통제하는 것이 중요하다.[35]

〈그림2-2-8〉 은닉된 폭발물

또한 EOD대원이 아닌 경우 폭발물 의심물체는 절대 건드리지 말아야 하는데 별다른 의심 없이 건드리는 경우가 상당히 많은 편이다. 우리나라는 절대적인 폭발물테러에 대한 안전국가가 아니기 때문에 반드시 원칙으로 지켜야 할 사항이다.[36]

35) 부록에 폭발물 안전거리 참고

36) 대한민국 정부 수립 이후 끊임없는 폭발물 테러와 범죄가 있었다. 테러는 주로 북한에 의해서 일어났으며 나머지는 기타 범죄이다.

6) 지뢰 탐지(지상, 지표에 은닉된 폭발물 탐지)

핸드스캐너와 작동 방식은 유사하지만 주로 지상 또는 지표면에 은닉된 폭발물을 탐지하는데 사용되는 장비이다. ETD와 다르게 금속탐지 기능을 이용하기 때문에 목제나 수지제 폭발물 탐색은 어렵다. 또한 감도조절에 따라 전자기에 반응하는 금속의 양을 조절할 수 있는데 공사장이나 폐기물 흔적이 많은 장소에서는 소음이 심해 탐지가 어렵다.37)

〈그림2-2-9〉 지뢰탐지기와 탐침봉38)

지뢰탐지기 사용은 어렵지 않으나 환경에 따라 체력 소모가 심해질 수 있어 그에 대한 대비가 필요하다. 탐침봉은 지뢰탐지기와 합동으로 사용하면 그 효과를 증대시킬 수 있다. 지뢰탐지기에 감지된 미확인 금속의 정확한 위치와 부피 확인이 필요할 때 탐칭봉을 사용하게 되는데 전투상황에서 대검 등을 사용해 확인하듯 몸을 숙이지 않고 〈그림2-2-9〉처럼 선 자세로 사용이 가능하다. 탐칭봉의 사용은 확인이 필요한 지점에 45도 이하로 탐칭봉을 찌르게 되는데 45도 이하로 찌르는 이유는 폭발물에 가해지는 압력을 줄이기

37) 실제 사용할 경우 탐색지역에 금속 물체의 분포 상황을 사전에 파악하는 것이 좋다.
38) 탐침봉은 지표면 밑에 은닉된 물체를 탐지하기에 가성비 좋은 장비이자 수단이다.

위해서이다.[39] 또한 지뢰탐지기와 탐침봉을 이용한 지상탐지는 구역을 정해 구역별로 중첩되고 탐지기가 지나간 탐지구역이 중첩되도록 해야 한다.

광범위한 지역에 대한 탐지는 차량을 이용하기도 하지만 최근에는 드론을 이용한 지뢰탐지도 실시되고 있다. 드론의 경우 GIS-Mapping 기술을 접목하여 구역만 설정하면 자동으로 해당구역에 대한 탐지를 한다. 드론 기술의 발달과 더불어 인간의 영역이 줄어들지만 이 영역에서는 인간의 안전을 보장할 수 있는 측면도 있다.

〈그림2-2-10〉 드론을 이용한 폭발물 탐지와 제거

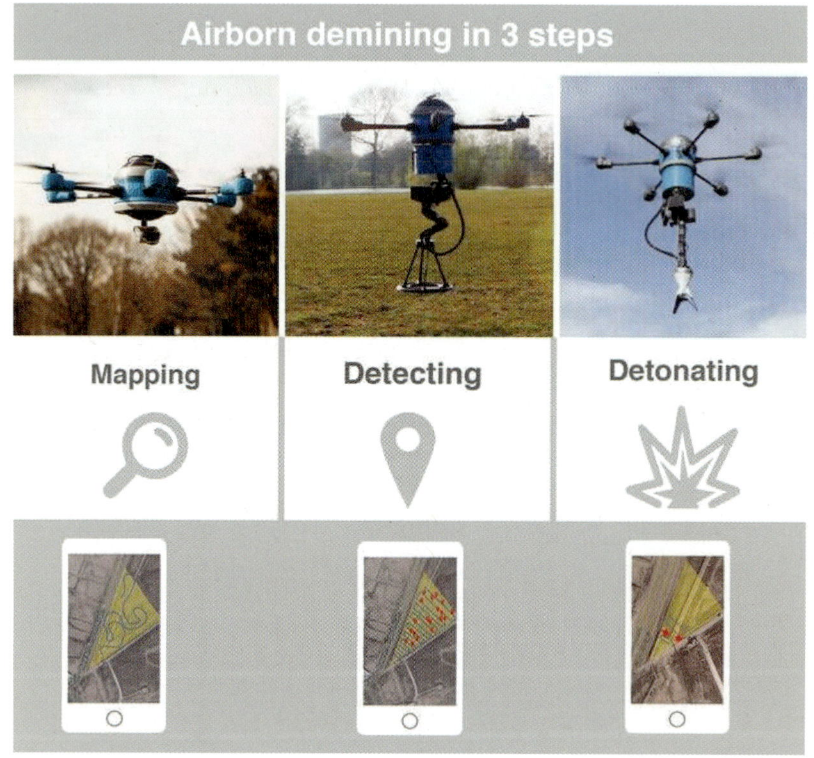

※자료출처 - KICKSTARTER (Mine Kafon Drone)

39) 일반적인 지뢰의 격발 압력은 1kg 전후

3. 표준 폭발물 사례분석

표준 폭발물은 군용 또는 산업용으로 제조되어진 완전한 상태의 폭발물을 말하며 점화회로가 연결되거나 연결되기 전의 단일 폭약 자체도 포함시킨다.

1) 다락대 사격장 폭발사고

1993년 6월 10일 연천군 소재 "다락대 사격장"에서 예비군 훈련 중 발생한 사고로 예비군 20여명이 사망하였다.

〈그림2-3-1〉 다락대 사격장 사고현장

다락대 사격장은 훈련뿐 아니라 무기 테스트를 자주 하는 곳이다. 위 사진은 국방과학연구소(ADD)에서 포탄 테스트 중 폭발하여 ADD 직원 한 명이 사망하고 5명이 중경상을 입은 사건의 현장으로 93년 사고와는 다른 사건이다.

사건 발생은 당일 16시경 연천군 차탄 4리에 있는 6군단 포사격 훈련장에서 원인미상의 발화로 포탄장약에 화재가 발생하였고 이로 인해 155mm 고폭탄 1발, 조명탄 2발이 폭발하여 장병 19명이 현장에서 순직하였고[40] 10여명이 부상을 입었다. 이 사고는 원인규명이 확실하지 않아 여러 가지 루머가 발생하게 되는데 예비군끼리 내기를 하여 포탄을 해머로 치면 터지지 않을까 하는 등의 내기를 했다거나 예비군들이 음주상태였다는 등의 루머가 발생하였고 첫 번째 루머가 정설처럼 교육되어지기도 했으나 담뱃불 등에 의해 장약에 화재가 발생한 것이 원인으로 알려져 있다.

포탄은 기본적으로 신관 결합 전에는 폭약 그 자체이기 때문에 안정성이 뛰어나지만 장약의 경우 화재에 취약하여 주의할 필요가 있다. 특히 담뱃불 같은 작은 불씨에도 점화될 수 있기 때문에 화기에 대한 각별한 대비를 해야 한다. 폭발물 구조에서 보았듯이 포탄은 신관의 결합 유무가 중요하나 탄피 내부의 장약에 대한 안전도 중요하다 할 수 있다. 또 다른 포탄 폭발사고인 K-9자주포 폭발사고의 경우도[41] 장약에 화재가 발생하여 자주포 내부의 포탄이 폭발한 사고였다.

40) 현역 3명 예비군 16명

41) 2017년 8월18일 중부전선 최전방에서 K-9 내부의 장약에 화재가 발생하여 장병 3명 순직 4명 부상

2) K-11 복합소총 유탄 폭발사고

〈그림2-3-2〉 K-11복합소총과 K-11 사격모습

윗총열(후방탄알집에 장착)에서 발사되는 20mm유탄이 폭발

K-11 테스트 사격중인 전인범 예비역 중장(당시 제27보병사단장)[42)]

국방과학연구소(ADD)가 8년간 185억원을 들여 개발한 미래형 무기체계인 K-11이 결함으로 인해 유탄이 폭발하여 3명이 부상한 사건이다. 해당 총기는 개발 완료 직후부터 잦은 결함 발생으로 전력화가 중단상태였다가 결정적으로 "저주파수 고출력 전자파"에 의한 이상 반응으로 전자식 신관의 오작동을 유발하여 폭발한 것으로 결론 지어졌다. 재래식 고폭탄과 달리 전자식 점화 폭발물에 전자파가 영향을 미친다는 것을 확인한 사례이다.

3) 서울대학교 앞 다이너마이트 폭발사고

강남순환고속도로 건설이 한창인 2011년 7월26일 19시경 신림2터널 공사

42) K-11 사고 전후로 장성 중 유일하게 직접 실사격 테스트 후 K-11 반대론자가 되었다.

현장 100m지점에서 다이너마이트 288kg이 낙뢰에 맞아 폭발하였고 이 폭발로 터널이 약 2m정도 붕괴되어 발파 담당자가 사망한 사건이다. 이 사건은 전기식 점화회로를 완성 후 최종회로점검을 위해 담당자만 남은 상태에서 낙뢰가 회로에 맞아 의도와 무관하게 점화되어 폭발한 것이다. 당시 낙뢰가 지속하여 발생하는 상황에서 무리하게 발파작업을 강행하여 안전불감증에 의한 인재로 결론지어졌다.

전기식 점화회로를 사용하는 경우 뇌관이 정전기 등 유도전류에 의해 점화될 수 있기 때문에 사용자[43]와 처리자[44]는 반드시 안전대책을 원칙으로 강구해야 한다.[45]

4) 이리역 폭발사고

광주로 향하던 한국화약 소속 화물열차(제1605열차)가 이리역(현 익산역)에서 출발대기 중 약 40t의 다이너마이트가 폭발한 사건이다.

당시 수사결과에 따르면 호송담당 직원이 음주 후 잠든 상태에서 촛불이 다이너마이트에 옮기면서 폭발한 것으로 발표되었다. 또한 폭발의 피해로 지름 30m, 깊이 10m의 화구가 형성되었고 이리역 반경 500m 이내의 건물이 대부분 파괴되었다. 인명피해는 사망 59명 부상 1343명이 발생하였다.

이 사건은 안전불감증의 전형적인 유형이며 안전수칙을 위반한 대표적인 사례로 특히 화기에 취약한 상황에서 아무런 안전장치 없이 화기를 사용함으로써 너무나도 큰 피해를 입혔다.

---

43) 회로구성자, 작업자

44) 폭발물처리반, 작업자

45) 회로구성 전 전기식회로의 도전선 및 뇌관선 등은 반드시 단락한 상태로 취급해야 하고 정전기 예방을 위해 사용자와 처리자는 땅바닥에 손을 접촉시켜 정전기를 예방하는 방법이 필요하다.

〈그림2-3-3〉 이리역 폭발사고 현장(상)과 용천역 폭발사고 현장(하)

두 현장 모두 큰 화구를 형성하고 있어 당시 위력을 짐작할 수 있다.

이리역 폭발사건과 비교되는 사건 중 하나가 북한의 용천역 폭발사건이 있다. 용천역 폭발사건은 2004년 4월22일 정오 경 중국과의 접경지역인 북한의 용천군 소재의 용천역[46]에서 가연성 물질을[47] 싣고 가던 화물열차가 폭발하였고 현장에는 깊이 10m가량의 화구가 형성되었고 주변 건물들이 붕괴되었으며 사망54명, 부상 1,249명의 피해를 입었다. 당시 김정일 국방위원장이 중국 방문 후 귀국하는 날로 김정일 암살을 위한 시도였다고 알려져 있다. 두 사건은 폭발원인이 다르지만 비슷한 상황이라는 점에서 비교되고 있다.

46) 북한식 표기 "룡천"
47) 비료 또는 비료 원료인 질산암모늄 종류로 추정된다.

응 용

1. 급조폭발물의 정의

급조폭발물(IED)[1]은 흔히 사제폭탄이라고 말하지만 군에서는 「정규군에 의한 폭발물이 아니라, 임시로 조달 가능한 폭발 물질로 만들어진 사제 폭탄 또는 폭발 장치」를 뜻한다. 이러한 급조폭발물은 이라크, 아프가니스탄 전쟁을 거치면서 급격히 발전하였고 최근 IS(DAESH)[2]와의 전쟁으로 더욱 다양한 급조폭발물이 등장하게 되었다.

〈표3-1-1〉 급조폭발물의 발전

시 기	종 류	특 징	비 고
제1/2차 세계대전	부비트랩	- 수류탄, 박격포탄 응용이 주를 이룸 - 난로(등유로 위장)	레지스탕스
베트남전쟁	부비트랩	- 수류탄 응용 - TNT가루를 포대 등에 넣어 사용	베트콩(VC)
대테러전쟁 전기	표준폭발물 IED / VBIED[3]	- 고폭탄, 지뢰등의 신관을 제거 또는 개조하여 사용 - 차량이용 폭발물로 시설물 공격	아프가니스탄(탈레반/알카에다) 이라크(바트당/알카에다)

1) Improvised Explosive Device
2) Islamic State(이슬람국가), DAESH는 IS를 국가로 인정하지 않는 비하의 표현으로 IS를 지칭하는 말로 쓰임

대테러전쟁 중기	PBIED[4], VBIED, EFP[5]	- 자살조끼 등을 이용 자폭테러 증가 - EFP 등 고효율 특수목적의 IED 증가	아프가니스탄(탈레반/알카에다) 이라크(알카에다/강경 시아파)
대테러전쟁 후기	VBIED, DBIED[6]	- 드론이용 IED의 등장과 발전	아프가니스탄(탈레반) 이라크 · 시리아(IS : DAESH)

위의 〈표3-1-1〉은 20세기 이후의 급조폭발물의 발전과 양상에 대해 요약한 내용이다. 내용과 같이 베트남전쟁 이전까지는 주로 수류탄과 같은 보병용 소형폭발물 등을 이용한 부비트랩이 주를 이루었다. 하지만 9.11 테러 이후 미국 주도로 진행된 대테러전쟁 이후 급조폭발물은 새로운 전환점을 맞이하게 된다.

아프가니스탄 전쟁을 통해 Mohammed Omar를 지도자로 한 탈레반(Taleban)과 Osama bin Laden을 지도자로 한 Al-Qaeda를 변방으로 몰아내고 이라크 침공을 통해 Saddam Hussain 대통령과 Ba'ath 당을 축출하기에 이른다. 하지만 계획과 다르게 수니파 이슬람권을 중심으로 성전(Jihad)을 선포하며 이라크로 동맹군과 싸우기 위해 몰려들기 시작한다. 처음에는 와해된 이라크군과 Ba'ath 당원을 중심으로 동맹군과 전쟁 수행하던 것이 해외에서 유입된 저항세력이 합류하면서 전투의 양상도 달라진다.

---

3) Vehicle-Borne Improvised Explosive Device (CAR BOMB) 차량이용(장착)급조폭발물
4) Person-Borne Improvised Explosive Device 인체이용(장착)급조폭발물
5) Explosively Formed Penetrator 장갑관통폭발형관통자
6) Drone-Borne Improvised Explosive Device 드론이용(장착)급조폭발물

〈그림3-1-1〉 EFP 개념

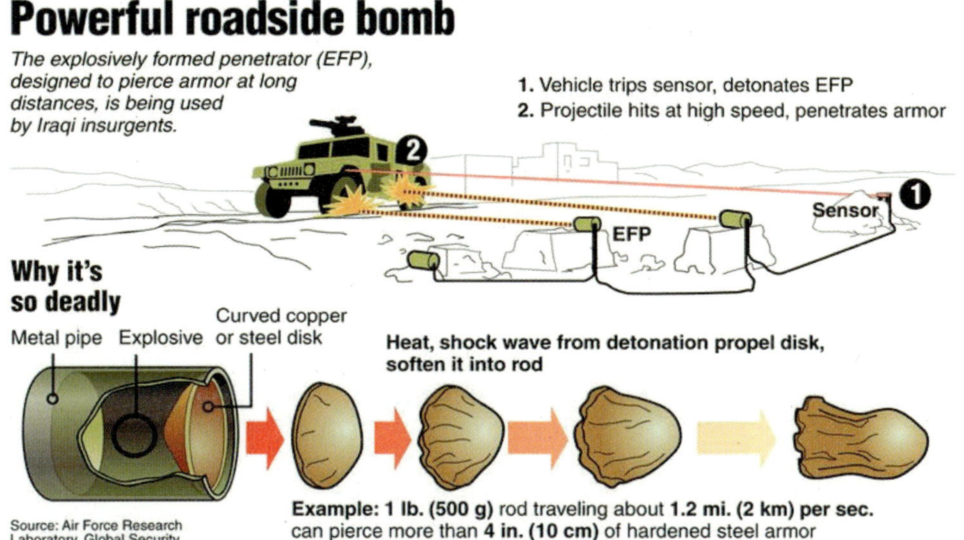

이시기가 급조폭발물의 전환점이 되는데 이전까지는 기존의 이라크군이 사용하던 포탄이나 지뢰 등 표준폭발물을 개조한 급조폭발물이 주를 이루었다면 해외파 저항세력이 유입되면서 Al-Qaeda 이라크 지부격인 Jama'at al-Tawhid wal-Jihad[7]가 체계적인 저항세력을 운용하기 시작한다. 이때부터는 부족한 폭발물을 충당하기 위해 다양한 급조폭발물을 제작해 사용하기 시작하며 전투보다 급조폭발물에 의한 공격으로 동맹군에 큰 피해를 입히기 시작했다. 특히 EFP같은 고효율 특수목적 급조폭발물이 등장하여 작전에 임하는 동맹군들에게 큰 부담을 주었다.

---

7) 요르단 출신의 테러리스트로 Al-Qaeda에서 훈련받은 전문테러리스트. 2006년 미공군의 공습으로 사망하기 전까지 Al-Qaeda 이라크지부장 격으로 MNF-I 동맹군과의 전투를 지휘하고 각종 테러를 일으켰다. 2004년 국내무역업체 직원인 故김선일 씨의 납치 테러한 장본인이다. 또한 2004년 RSO 파발마 작전 중인 한국군 호송단과 전투를 벌이기도 했다.(저자가 작전에 참가)

지속적인 소탕작전으로 Osama bin Laden이 사살되고 Al-Qaeda는 세력이 약화되어 해외지부들에 대한 영향력이 약화되었다. 그러한 시기에 Al-Qaeda 이라크 지부와 시리아 반군을 중심으로 IS(DAESH)가 그 세력을 넓히고 Al-Qaeda와도 세력다툼을 하기에 이른다. IS의 등장으로 전 세계에 IS 추종세력이 만들어지고 이른바 “외로운 늑대”라고 하는 자생 테러까지 양성하게 된다. IS는 이러한 추종세력들을 위해 폭발물 제조법을 비롯한 군사교육을 통해 테러범을 체계적으로 양성하게 되고 불특정다수를 상대로 다양한 테러를 감행하게 된다.

〈그림3-1-2〉 IS(DAESH)의 DBIED[8)]

△ (좌부터 시계방향으로)고정익 정찰 및 공격용 드론을 날리는 IS 조직원, 40mm 고폭탄을 개조하여 장착한 쿼드콥터 드론, IS의 드론에게 공격당한 시리아군의 임시 탄약 야적장, 이라크군의 전차를 공격하여 명중한 장면

8) IS의 DBIED가 처음 등장한 것은 이라크의 쿠르드자치정부(KRG)의 민병대인 Peshmerga와의 전투에서이다. 저가의 중국 및 이란산 고정익 드론을 사용하다가 점차 쿼드콥터 드론에서 실시간 영상 통신을 이용 소형고폭탄을 투하하는 식의 공격으로 발전하였다. 또한 소형고폭탄의 명중률을 높이기 위해 셔틀콕을 꼬리날개처럼 장착하기도 하였다.

테러와는 별개로 IS 본거지인 이라크와 시리아에서 동맹군에 의한 IS 소탕작전이 진행되는데 부족한 전력과 정보자산을 보강하기 위해 드론을 사용하기 시작한다. 처음에는 정찰목적으로 상용 드론을 사용하다가 폭발물을 장착하여 자폭이나 폭발물 투하가 가능하게 발전하게 된다. 이른바 DBIED가 일선에 등장하게 된 것이다.

DBIED의 등장은 Anti-UAS[9](Drone)라는 새로운 개념이 등장하게 만들었다. 기존의 무인항공기(UAV)는 저고도방어체계로 충분히 방어가 가능했지만 기존의 무인항공기에 비해 훨씬 작은 드론의 등장으로 기존의 저고도방어체계로는 탐지가 어렵고 탐지한다 하더라도 고가의 무기체계로 방어하기에는 비용대비 효율이 상당히 떨어지게 된다. 그래서 등장한 방법들이 개발되었고 현재도 지속적으로 발전 중이다.

IS가 VBIED를 이용해 정부군을 공격하는 장면(드론을 이용한 자체촬영)

9) 미국을 중심으로 통칭되는 용어 ; Unmanned Aircraft Systems

2. 급조폭발물의 구조

급조폭발물은 시대가 지나고 전투와 테러의 유형이 다양화하면서 급조폭발물의 형태나 종류 등의 체계에도 다양한 변화를 가져왔다. 이번 단원에서는 현재 사용되고 있는 급조폭발물들 중 Al-Qaeda와 IS에서 주로 사용된 급조폭발물과 기타 주요 급조폭발물의 구조를 알아보겠다.

1) 점화회로

점화회로는 어떠한 폭발물이든 존재하는 체계이다. 급조폭발물의 경우 9.11테러 이후 급격하게 발전하여 다양한 형태의 점화회로가 등장하게 되었다. 여기에서는 폭발물 구조에서 배웠던 EDPS를 제외한 나머지 회로에 대해 배워보도록 하겠다.

가. 휴대폰 점화장치

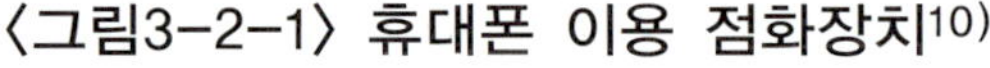
〈그림3-2-1〉 휴대폰 이용 점화장치[10)]

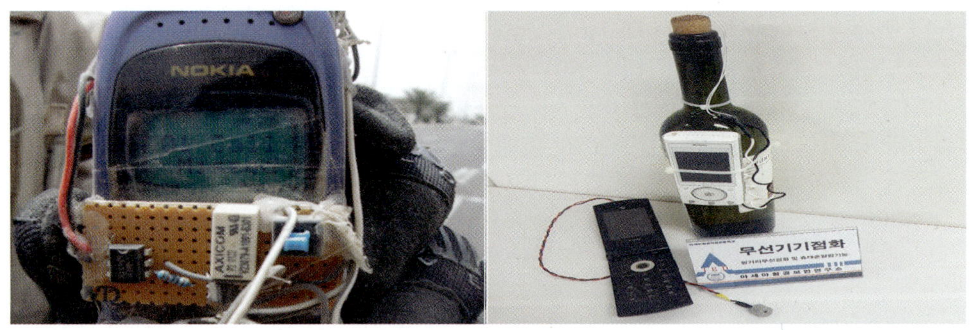

휴대폰은 점화회로 구성에 흔하게 쓰이는 점화장치이다. 휴대폰의 기능을 이

10) 일부 영화나 비전문가들에 의해 휴대폰 자체에 폭발물을 장착하여 사용한다고 잘못 알려져 있었다.

용하는 것인데 첫째, 무선송수신 기능은 휴대폰의 기본적인 기능이다. 휴대폰의 송수신이 가능한 모든 지역에서 사용한 가능하다는 것이 특징이며 위성전화기의 경우 지형에 관계없이 위성송수신이 되는 곳 어디서나 사용 가능하다. 이러한 무선송수신 기능은 경우에 따라 한 개의 휴대폰에서 송신된 신호가 수대에서 무한대의 휴대폰에서 동시에 수신이 가능하다.[11] 무선점화장치로 이용 가능한 부분이 이것이다. 둘째, 알람기능이 있다. 알람기능은 원하는 시간에 소음이나 진동으로 시간을 알려주는데 시한점화장치로 사용 가능한 부분이다.

나. 무선점화장치

〈표3-2-1〉 전파의 주파수 대역

3 Hz

Sub Communications		ELF	30Hz
Sub Communications		SLF	300Hz
Sub Communications		ULF	3KHz
Sub Communications, Navigation, Wireless, Time signals		VLF	30KHz
Navigation, Time signals, AM, RFID, Radio		LF	300KHz
AM, Radio, Beacons		MF	3MHz
Shortwave, CB, RFID, Radio		HF	30MHz
FM, TV, Mobile, Radio		VHF	300MHz
TV, Microwave, Radio, M.P, Bluetooth, GPS	Microwaves	UHF	3GHz
Radio, Microwave, Radar, Satellites, TV		SHF	30GHz
Radio, Microwave, Energy-Weapons		EHF	300GHz
Medical Imaging, Remote-sensing	Far Infrared	THF	3000GHz
Common Transmitters : Car Alarm, Doorbells, Mobile Radio / 136~462MHz			
Cellular Phones :• GSM900 : 890~915MHz • GSM1800 : 1710~1785MHz			

11) 블랙베리 같은 일부 기종에서만 가능하던 다중통화체계가 프로그램의 발전으로 스마트폰 뿐 아니라 모든 휴대폰이 가능해졌다.

무선점화장치는 휴대폰에서도 이용 가능하지만 휴대폰 외에도 다양한 무선기기들을 이용한 점화장치이다. 이러한 무선기기는 무전기 뿐 아니라 자동차용 무선키, 무선호출기, 완구용 무선조종기 등 종류가 다양하다. 각각의 무선기기마다 주파수 대역이나 통달거리가 다르기 때문에 이런 종류의 점화장치 대응 시 참고할 필요가 있다. 위의 〈표3-2-1〉은 주파수 대역별 무선기기를 요약한 것이다. 위에 나온 무선기기 외에 무선기기에 들어가는 센서나 특정목적을 위해 제조된 다양한 무선회로들이 시중에 유통되기 때문에 폭발물 보안 담당자는 폭넓은 공부를 할 필요가 있다.

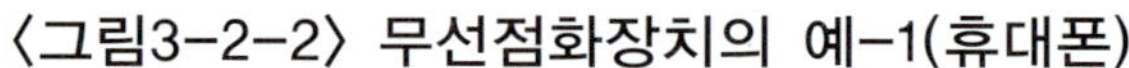

〈그림3-2-2〉 무선점화장치의 예-1(휴대폰)

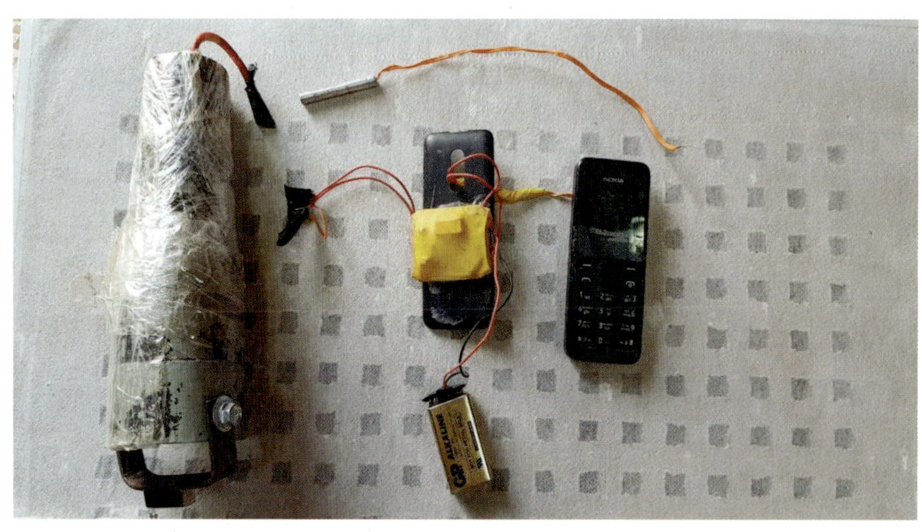

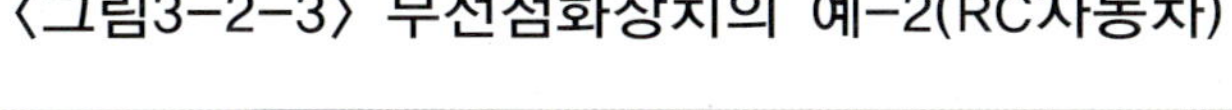
〈그림3-2-3〉 무선점화장치의 예-2(RC자동차)

다. 지뢰 및 부비트랩 점화회로

〈표3-2-2〉 지뢰 및 부비트랩 점화회로의 유형[12)]

유 형	작 동 방 법
장력식	안전핀이나 회로연결부에 인계철선 또는 기타 실이나 끈으로 연결하여 잡아당기는 힘에 작동하도록 제작된 점화방법
압력식	밟거나 누르는 힘으로 작동하도록 제작된 점화방법
압력해제식	무거운 물체의 힘으로 누르고 있는 것을 해제했을 때 작동하도록 제작된 점화방법
복합식	위의 유형 중 2가지 이상이 동시에 적용된 점화방법
감지센서식	동작감시 등의 센서를 이용하여 작동하도록 제작된 점화방법

12) 표준폭발물인 지뢰와 부비트랩 세트에 사용되는 방법이며 급조폭발물에도 같은 방법이 적용된다.

가장 전통적인 방법이라 할 수 있는 점화회로이며 오랜 세월 사용된 방법이다. 폭발물이 없던 고대 역사로 거슬러 올라가기 때문이다. 이러한 유형의 점화회로는 몇 가지 방법으로 분류된다. 위의 〈표3-2-2〉는 지뢰나 부비트랩 외에도 폭발물을 사용하지 않는 부비트랩에도 폭넓게 이용되는 방식이다. 생존을 위한 채집용으로도 사용될 수 있지만 인마살상을 위한 목적으로도 사용되기 때문에 상식으로 알고 있으면 대응에 도움이 될 것이다.

〈그림3-2-4〉 부비트랩 점화장치-압력식

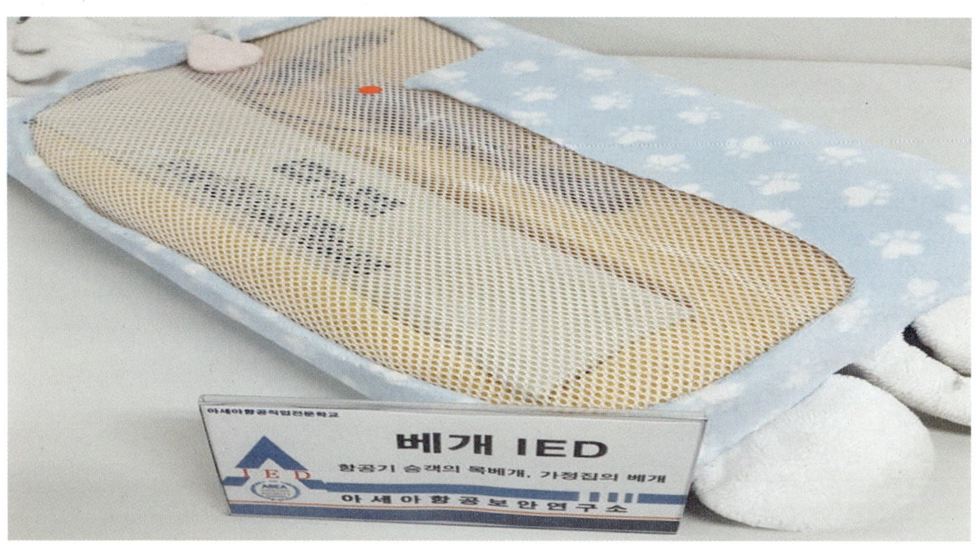

라. 센서이용 점화회로

각종 센서를 활용한 점화회로는 최근 들어 다양하게 등장하고 있다. 특히 전자상가 뿐 아니라 인터넷을 통해 해외에서 손쉽게 직접구매가 가능하기 때문에 잠재적인 위협으로 부상하고 있다. 하지만 센서 자체가 폭발물의 재료라기보다는 다른 기타목적으로 사용될 수 있기 때문에 법적 규제에는 한계가 있다.

〈표3-2-3〉 센서의 종류[13]

유 형	작 동 방 법
시한센서	시간을 설정하여 원하는 시간에 전류가 흐르도록 제작된 센서
빛 감응센서	빛에 반응하여 전류가 흐르도록 제작된 센서
열 감응센서	바이메탈을 이용하여 열에 반응하여 전류가 흐르도록 제작된 센서
동작 감지센서	적외선 감지나 레이저 감지로 동작을 감지하여 전류가 흐르도록 제작된 센서
압력 감응센서	일정 중량 또는 압력이 가해졌을 때 전류가 흐르도록 제작된 센서
신호 감지센서	특정 주파수에 반응하여 전류가 흐르도록 제작된 센서
진동 감지센서	일정한 대역의 진동에 반응하여 전류가 흐르도록 제작된 센서
수평 감응센서	수평을 유지한 상태에서 균형이 깨지면 전류가 흐르도록 제작된 센서
자석 감응센서	자석의 자력을 이용 자기장에 변화에 감응하여 전류가 흐르도록 제작된 센서(방범창 등에 사용)
소음 감응센서	일정 대역의 소음 발생시 반응하여 전류가 흐르도록 제작된 센서

마. 화학점화장치

화학점화장치는 물질의 화학적 특성을 이용하여 점화하는 방식이다. 이러한 방식은 공항 등에서 X-ray판독을 하는 보안검색요원이나 기타 실무자 입장에서 상당히 까다로운 점화장치이다. X-ray 판독이나 외관상 큰문제가 없어 보일 수 있기 때문인데 화학점화장치에 대한 구조와 개념을 이해하고 있다면 상당한 판독능력을 보유할 수 있게 된다.

13) 오프라인 상에서 쉽게 구할 수 있는 센서도 있지만 정밀한 센서는 인터넷을 통해 통제 없이 유통되고 있다.

〈그림3-2-5〉 화학점화장치와 X-ray 판독영상-1

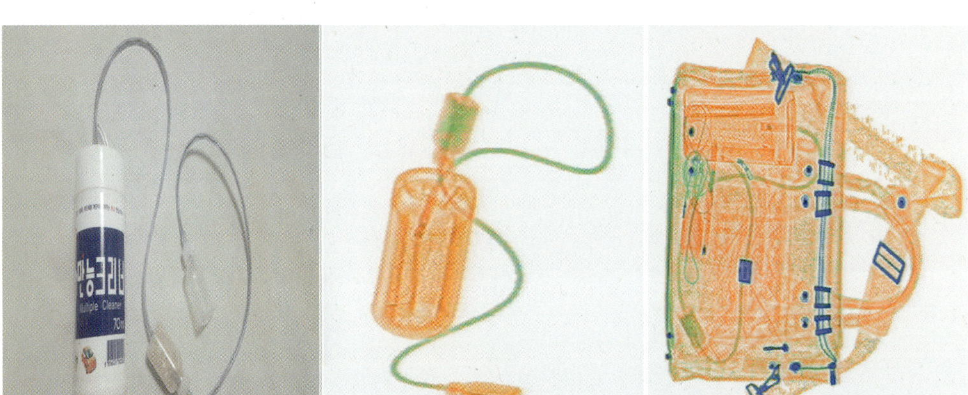

위의 〈그림3-2-5〉와 같은 형태의 화학점화장치는 X-ray 판독을 기만하기 위해 제작된 급조폭발물 샘플이다. 티슈 자체에 폭발물이 흡수되어 있고 화학점화장치부터 모든 회로가 유기화합물로 구성되어 있어 동일성분의 물체에 은닉 시 판독이 어려워진다.

〈그림3-2-6〉 화학점화장치와 X-ray 판독영상-2

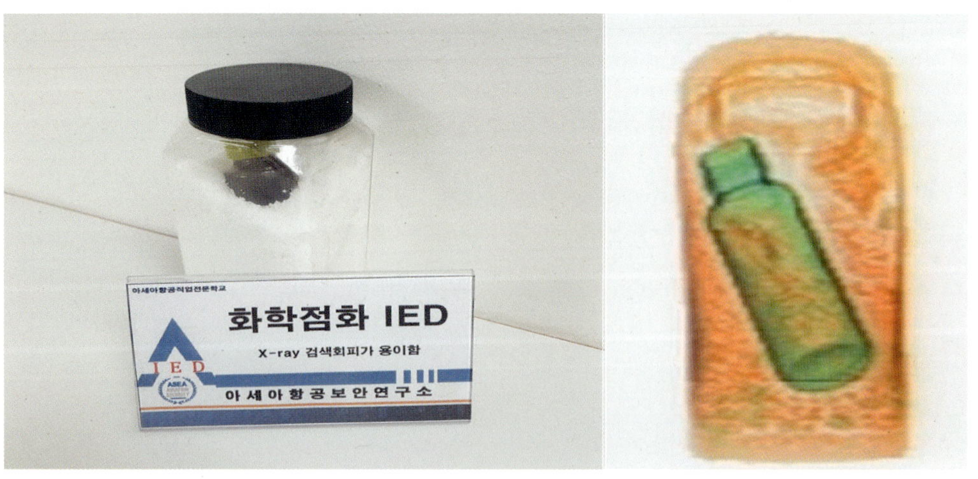

〈그림3-2-5〉의 경우 미세하게 형태가 드러나기 때문에 화학점화회로의 구조와 개념을 이해하고 있다면 판독이 가능하지만 〈그림3-2-6〉과 같이 회로가 아닌 다른 형태의 점화장치는 전문가가 아닌 이상 판독이 어려울 수밖에 없다. 〈그림3-2-6〉의 점화장치는 유기화합물이 아닌 무기화합물로도 제작이 가능하다. 비슷한 유형의 점화 방식이지만 연소재료가 금속성 물질이라는 것이 다르다. X-ray 판독영상에서도 유기물인 오렌지색과 달리 금속성인 청색으로 표현되게 된다.[14] 이러한 화학점화장치의 대부분은 강한 산성의 용액이 사용되는 경우가 많기 때문에 상식으로 알아둘 필요가 있다.

2) 표준폭발물 이용 급조폭발물

표준폭발물을 이용하는 급조폭발물은 대부분 고폭탄, 대전차지뢰 등이 사용되는데 〈그림3-2-7〉의 적색원 부위의 신관을 제거하거나 개조하여 만들어진다. 이 경우 이용되는 표준폭발물의 종류에 따라 다양한 효과와 위력을 발생시킨다. 일반적인 고폭탄의 경우 탄두 상단에 신관이 위치하지만 대전차지뢰의 경우는 지뢰 측면, 하단, 상부중앙 중에 한곳에 위치하고 있다.

14) 〈그림3-2-6〉과 같이 유기화합물로 구성된 점화장치는 일반적으로 2000℃이하로 연소되지만 금속성 점화장치인 Thermit은 재료에 따라 3000℃이상의 고온으로 연소되어 그 자체만으로도 충분한 위협이 된다.

〈그림3-2-7〉 표준폭발물을 이용한 급조폭발물

표준폭발물을 이용한 급조폭발물의 특징은 상대적으로 안정된 상태인 군용화약이 충전된 폭발물을 사용한다는 것이다. 그에 따라 〈그림3-2-7〉과 같이 위력이 강한 표준뇌관 이상의 뇌관을 사용해야 한다. 뇌관을 사용하지 않는 경우 〈그림3-2-8〉의 적색원과 같이 별도의 폭약이나 수류탄 등으로 전폭약을 사용해서 폭발시키게 된다.

〈그림3-2-8〉 고폭탄의 응용

△ (좌)모형고폭탄 탄두에 폭약을 장착하여 제거하는 훈련 중인 아프가니스탄 군 교육생. (우) 수거한 박격포탄 탄두에 C4를 장착하여 제거중인 미공군 EOD.

3) 용기를 이용한 급조폭발물

〈그림3-2-9〉 용기를 이용한 급조폭발물-1

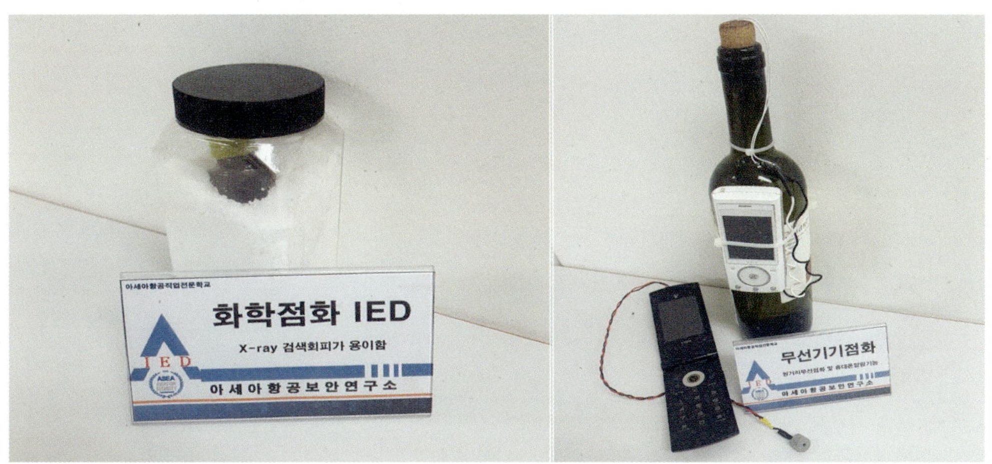

표준폭발물이 아닌 화공약품 등으로 제조한 급조폭발물은 폭발물을 포장할 병이나 그릇 같은 용기가 필요하다. 플라스틱 폭약 같은 성형가능하거나 고형이 아닌 분말이나 액체의 경우 대부분 그러하다.

〈그림3-2-9〉 (좌)에 나온 급조소이제 점화장치의 경우 일반적인 점화구조가 아닌 화학점화장치이기 때문에 다시 설명하겠다. (우)의 액체폭약이 담긴 술병의 경우 상대를 기만하기 위한 방법으로 자주 쓰이는 방법이라 관심을 갖고 공부할 필요가 있다.

〈그림3-2-10〉 용기를 이용한 급조폭발물-2

△ (좌)물병에 담긴 급조폭발물과 무선점화장치.(우)화공약품 통에 담긴 급조폭발물

앞서 언급했던 IS와의 테러전쟁이 지속되면서 다양한 형태의 급조폭발물이 등장하는데 가장 흔한 형태가 위의 〈그림3-2-10〉이다. 가장 구하기 쉽고 흔하기 때문이다.[15] 위에 소개된 사진 외에도 페인트통, 냄비, 통조림통과 같은 주변에 흔하고 쓰레기나 일반적인 생활용품으로 생각하기 쉬운 용기들이 급조폭발물의 재료로 쓰이고 있다는 것을 인지하고 있어야만 한다.

4) PBIED-인체기반(사용)급조폭발물

PBIED는 일명 자살조끼라 불리는 폭발물을 착용한 사람이 자폭하는 방식의 급조폭발물 유형이다. 이러한 방법은 화약이 전쟁에 사용된 이래 오래전부터 사용되어진 방법이지만 테러의 수단으로 PBIED가 정립된 것은 대테

15) 군에서 폭파 훈련 시에도 폭발물 제조에 사용된 화공약품 용기를 그대로 사용하는 경우가 많다.

러전쟁 이후다. 초기에는 단순하게 자폭 돌진의 방식이었지만 목표 깊숙이 침투하기 위해 다양한 방법으로 자살조끼나 폭발물을 은닉하는 방법이 발전하기 시작하였다.

〈그림3-2-11〉 PBIED에 사용되는 자살조끼의 유형

위의 〈그림3-2-11〉은 일반적인 자살조끼의 유형이다. (좌)는 아군 복장으로 위장하여 전투조끼 내부에 폭발물을 은닉하여 사용하는 방식이고 (우)는 겉옷 안에 입어 밖으로 드러나지 않게 하거나 방탄조끼로 위장하여 사용하는 방식의 자살조끼 이다.

5) VBIED-차량기반(사용)급조폭발물

차량을 이용한 급조폭발물은 굉장히 위험하다. 일단 폭발물의 중량부터 PBIED와는 수배에서 수십배의 차이가 나게 된다. 차량의 종류에 따라 폭발물의 적재위치나 중량의 차이가 다양하기 때문에 차량 종류에 따른 검색방

법이나 안전거리를 달리 설정하여야 한다.

다음의 〈표3-2-4〉는 NCTC에서 배포한 자료이다. 군용폭약의 기준이 되는 TNT를 기준으로 안전거리를 계산하여 테러에 대비하도록 만든 일종의 SOP 자료이다. 자료에서 보듯이 폭발물의 이동수단 특히 차량의 종류마다 적재 가능한 폭발물의 중량이 큰차이를 보이고 있으며 자료상에는 건물지역 안전거리와 개활지의 안전거리만 기재되어 있으나 고층건물의 경우 안전거리와 무관하게 모든 층이 위험지역이 된다. VBIED 같은 많은 중량의 폭발물이 폭발할 경우 건물 붕괴의 위험이 동반되기 때문이다.

〈표3-2-4〉 급조폭발물 유형별 안전대피거리

Bomb Threat Stand-Off Distances

Threat Description	Explosives Capacity[1](TNT Equivalent)	Building Evacuation Distance[2]	Outdoor Evacuation Distance[3]
Pipe Bomb	5 LBS/ 2.3 KG	70 FT/ 21 M	850 FT/ 259 M
Briefcase/ Suitcase Bomb	50 LBS/ 23 KG	150 FT/ 46 M	1,850 FT/ 564 M
Compact Sedan	500 LBS/ 227 KG	320 FT/ 98 M	1,500 FT/ 457 M
Sedan	1,000 LBS/ 454 KG	400 FT/ 122 M	1,750 FT/ 533 M
Passenger/ Cargo Van	4,000 LBS/ 1,814 KG	600 FT/ 183 M	2,750 FT/ 838 M
Small Moving Van/ Delivery Truck	10,000 LBS/ 4,536 KG	860 FT/ 262 M	3,750 FT/ 1,143 M
Moving Van/ Water Truck	30,000 LBS/ 13,608 KG	1,240 FT/ 378 M	6,500 FT/ 1,981 M
Semi-Trailer	60,000 LBS/ 27,216 KG	1,500 FT/ 457 M	7,000 FT/ 2,134 M

This table is for general emergency planning only. A given building's vulnerability to explosions depends on its construction and composition. The data in these tables may not accurately reflect these variables. Some risk will remain for any persons closer than the Outdoor Evacuation Distance.

6) DBIED–드론기반(사용)급조폭발물

대테러전쟁이 지속되는 중에 IS에 의해서 급부상한 급조폭발물의 형태이며 폭발물 이동수단을 자폭시킨다는 개념에서 투하한다는 개념을 사용하기 시작했다.

IS가 초기에 드론을 사용할 시기에는 정찰의 목적이 강했다. 실험적으로 저가의 고정익 드론을 Peshmerga[16] 진영으로 날려 보냈다가 추락으로 노획되어 IS가 드론을 사용하기 시작 했다는 것이 알려졌다. 그 뒤로 상업용 드론을 대량 도입하여 운영하게 되는데 실시간 영상송수신이 되는 쿼드콥터의 도입을 시작으로 자폭이 아닌 폭발물 투하 즉 드론을 이용한 폭격을 시작하게 되었다.

〈표3-2-5〉 드론의 분류[17]

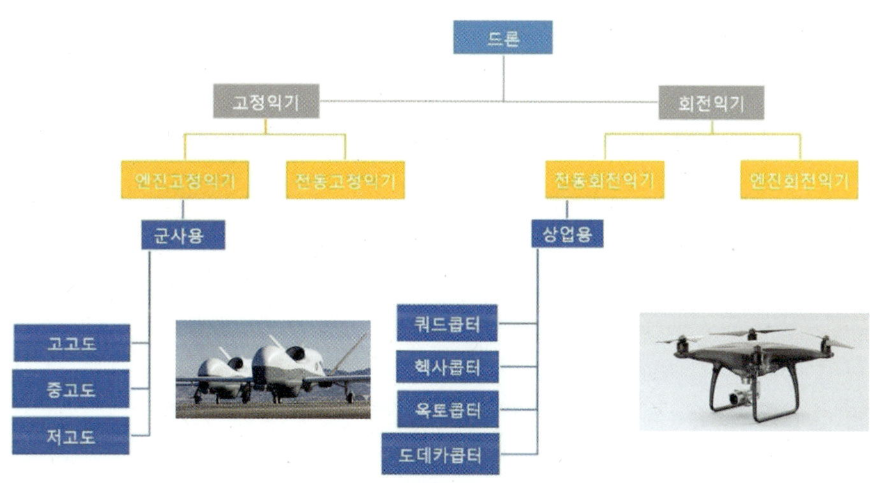

16) 이라크의 쿠르드자치정부(KRG) 소속의 민병대 조직으로 경찰, 군, 정보기관을 통틀어 최고 사령부 역할을 하고 있다. 실전경험이 풍부하나 체계적인 훈련이 부족하여 후세인 시절 이스라엘에서 훈련받은 전력이 있고 전후 한국군과 미군에 의해 훈련되고 군사원조를 받아 IS 격퇴작전에 선봉에 나서고 있다.

17) ND Lab 오세진 소장

드론의 특징은 차량과 마찬가지로 다양한 유형과 사양의 제품이 존재한다는 것이다. 위의 〈표3-2-5〉의 자료와 같이 다양한 유형의 드론을 볼 수 있다. 드론의 종류와 사양에 따라 폭발물의 적재량이나 항속거리, 무선조정 통달거리가 다르며 GPS를 이용한 자동비행도 가능하다.[18)]

드론의 또 다른 특징을 언급하자면 크기에 따른 레이더탐지 가능여부인데 작은 드론 일수록 기존의 대공레이더로 탐지가 어렵거나 불가능하지만 그만큼 폭발물 등 무장의 중량이 떨어지는 점도 특징이라 할 수 있다.

위에서 언급한 내용만 보면 드론이 가성비 최고의 무기체계로 보일 수 있다. 실제 그렇다고 할 수도 있지만 그만큼 단점도 존재한다. 다음의 〈표3-2-6〉에서 보듯 폭격이라고 할 만큼의 위력을 발휘하기 위해서는 성능이 좋은 드론을 사용해야 하고 그만큼 중량과 부피가 늘어나게 된다. 그렇게 되면 자연스럽게 기존의 일반 대공레이더에 포착이 되고 격추될 수 있다. ㄱ 때문인지 드론의 애용하는 IS는 대부분의 드론이 일반 대공레이더에 포착이 안되는 소형 드론을 사용하고 있다. 따라서 공격의 대부분이 40mm유탄 정도이다.

〈표3-2-6〉 드론의 종류별 활용[19)]

위의 드론 외에도 더 작은 드론의 경우 암살드론이라고 해서 소형총기를 장착하기도 하는데 다행히 이런 유형의 테러는 발생하지 않았다.

---

18) GPS를 이용한 자동비행은 IS 뿐 아니라 북한에서도 자주 이용하고 있다. 중국산 상용 엔진고정익기를 개조하여 MDL 이남으로 비행하도록 하여 정찰중 수대가 추락하여 노획된 사례가 있다.
19) TR Lab 오세진 소장

3. 급조폭발물 사례분석

급조폭발물은 화약이 발명된 이래 꾸준하게 사용되어졌지만 급조폭발물(IED)가 학문적으로 정립된 것은 대테러전쟁 이후라 할 수 있다. 9.11테러를 기점으로 시작된 대테러전쟁은 전투의 양상을 변화시켰고 급조폭발물의 전성시대라 칭할 만큼 급격한 변화와 발전을 이루어냈다. 이번 단원에서는 특징적인 사례를 중심으로 해당 사건에 대한 분석을 해보도록 하겠다. 교육생들은 이번 단원에 유의하여 다른 사례를 발굴하여 분석해보면서 자신의 능력을 더욱 발전시켜 보도록 하자.

1) PBIED(Person-Borne Improvised Explosive Device)

〈표3-3-1〉 PBIED의 유형

유 형	방 법	비 고
Mujahideen	성전(Jihad)을 주장하며 자진해서 또는 제비뽑기[20] 등으로 순번을 정해서 돌격하여 자폭하는 방식	대테러전초 Al-Qaeda 2010년대 이후 IS
	아군 또는 방문인으로 위장하여 자폭하는 방식	이라크군 모집시 유행[21] 아프가니스탄 한국군주둔지(동의 · 다산부대)에 방문인으로 위장한 테러범이 자폭(故윤장호 하사)
일반인	일반인을 납치 · 협박하여 자폭을 유도하는 방식[22]	테러조직원을 유지하거나 민사작전 방해 목적으로 이라크에서 유행
여성/노인	여성 등 노약자에게 덜 경계하는 심리를 이용하는 방식	Al-Qaeda와 IS 모두 사용

어린이	어린이에 대한 경계심이 극도로 약해지는 심리를 이용하는 방식. 어린이를 직접 PBIED로 이용하는 경우 사후 보상에 대한 논리로 유혹[23]	주로 이라크 지역에서 반군에 의해 행해짐
시신	납치 살해한 인질이나 아군의 시신에 폭발물을 설치하는 방법	이라크에서 Al-Qaeda에 의해 행해짐
동물	살아있는 동물(개, 닭, 양 등)에 폭발물을 설치(ABIED[24]로 잠정 명칭)	IS에 의해 행해짐

PBIED는 말 그대로 사람이 직접 폭발물을 운송 또는 인체에 직접 설치한다는 점에서 가장 오래된 방법이라 할 수 있지만 PBIED로 정립된 것은 Al-Qaeda와 같은 극진이슬람(또는 이슬람원리주의자) 단체의 조직원(Mujahideen)에 의해 유행되면서 부터라 할 수 있다. 이러한 PBIED는 위의 〈표3-3-1〉에 정리된 자료가 대표적인 유형이다. PBIED는 대응방법이 발전함에 따라 점차 자취를 감추고 있으나 Soft-Target이라 불리는 불특정다수의 일반인들을 상대로 테러가 증가하고 있다.[25]

20) IS 조직원간에 제비뽑기로 자폭테러를 하는 영상이 올라왔다.(유투브)
21) 초창기 이라크 군경 모집 시 모병활동을 방해할 목적으로 내부에 침투하여 테러를 일으킴
22) 일반적으로 가족을 위협
23) 성전으로 사망하면 천국에서 수십명의 여자를 아내로 맞이하여 살 수 있다는 등의 말로 어린아이들을 유혹하여 PBIED로 활용
24) Animal-Borne Improvised Explosive Device로 잠정명칭 : 이라크 시리아지역의 IS가 와해되면서 지역 내 가축들에게 폭발물을 설치
25) 파리 극장, 런던 경기장/전철, 벨기에 공항 외 다수

〈그림3-3-1〉 ABIED의 사례

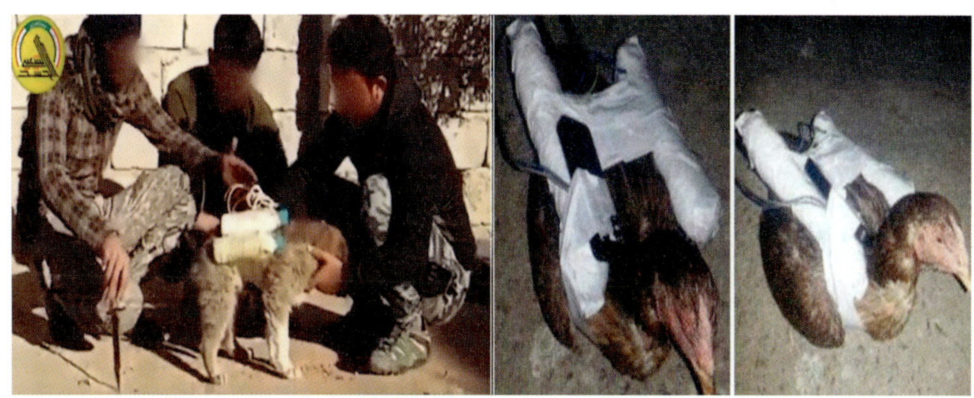

대표적인 PBIED 사례로 2005년 이라크 디얄라주의 이라크군 주둔지내 식당에서 일어난 자폭테러와 아프가니스탄 동의다산부대 주둔지 방문자통제소 자폭테러를 들 수 있다. 첫 번째 테러는 이라크군 내에 침투한 반군조직원이 전투장구 내부에 폭발물을 은닉하여 식당에서 폭파시켜 이라크군 23명이 사망하고 28명이 부상했다. 이 사건으로 주둔지에 출입하는 아군에 대한 검문도 강화하는 계기가 되었다. 두 번째 테러는 아프가니스탄 바그람기지 내 한국군 주둔지인 동의다산부대 방문자 통제소에서 환자(민원인)으로 위장한 테러범이 옷안에(Burka) 은닉한 폭발물을 터뜨려 통역병으로 근무 중이던 한국군 윤장호 병장이(전사 후 하사로 추서) 현장에서 전사하였다. 이 사건은 방문자통제소의 중요성이 부각되는 사건으로 인정받는다.

2) VBIED(Vehicle-Borne Improvised Explosive Device)

VBIED는 PBIED와는 규모가 다르다 〈표3-2-4〉에서 정리된 자료와 같이 폭발물의 적재량 자체가 수십배 이상 차이가 나기 때문에 일반적인 방문자통제소로 방어하기에는 무리가 따르며 고층건물의 경우 지하주차장이나 정문으로의 돌진 후 폭발할 경우 건물 붕괴에 따른 2차 피해도 감수해야 한다.

〈그림3-3-2〉 VBIED에 대비한 차량 검문

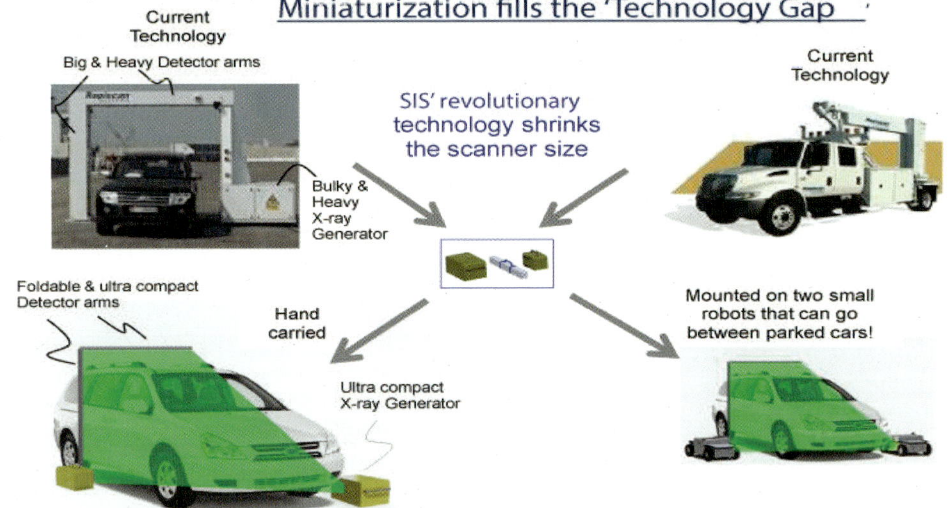

PBIED에 대응책이 발달함에 따라 테러조직들이 선택한 것은 차량을 이용한 VBIED다. VBIED는 빠른 기동력과 많은 적재량을 장점으로 때와 장소에 무관하게 차량이 이동 가능한 곳이면 어디서나 폭발물 공격을 감행했다. VBIED의 유형을 살펴보면 이동중에 있는 차량에 근접해서 공격하거나 주요시설에 돌진하여 자폭하는 방법이 가장 흔한 방법이며 PBIED를 주요 장소에 주차한 상태에서 원하는 시기에 폭파시키는 공격도 종종 일어났다. PBIED나 VBIED나 자살을 수단으로 하는 폭발물 테러는 기존의 무선폭파 IED가 전파방해기술(Jamming)의[26] 발전으로 무력화되면서 활성화 되었다.

〈그림3-3-3〉 VBIED의 사례

IS의 VBIED 공격 순간

주차 상태에서 무선점화된 IS의 VBIED에 파괴된 HASCO방벽

3) DBIED(Drone-Borne Improvised Explosive Device)

이라크 북서부를 장악한 IS가 이라크 북동부의 쿠르드자치정부(KRG) 지역인 일명 KURDISTAN의 Erbil주(州)로 영향력을 확대하면서 북서부 산악지역에 고립되었던 Yazidis족(族)을 KRG 민병대인 Peshmerga에서 구출하게 된다. 그 이후 쿠르드족을 중심으로 반IS 진영이 형성되고 NATO의 서방국들이 특수부대와 항공전력을 이라크로 파견하여 IS 소탕작전을 전개하게 된다.[27]

---

26) 자살폭발물테러가 활성화 되기 전에는 대부분 무선점화에 의한 IED 공격이 대다수였다. 하지만 우수한 전파방해장치를 장비하고 다니게 되면서 이러한 무선점화 IED가 무력화 되버린 것이다.

27) 반대로 러시아 진영은 시리아의 아사드 정권을 지원하기 위해 시리아 지역에 병력을 파견하여 IS 소탕작전에 나서게 되는데 시리아 지역의 IS 중 일부는 순수한 아사드 정권의 반군이었다. 이런 문제로 국제정치적인 복잡한 문제가 얽혀있다.

이런 시기에 Peshmerga 진영에 정체불명의 비행체가 추락하게 된다. 그것은 IS가 정찰용으로 날려 보낸 고정익무인정찰기였는데 상용 드론을 개조한 비행체였다.[28] 이것을 시작으로 정찰만 하던 것이 자폭무인공격기로 발전하고 쿼드콥터 드론을 도입하면서 실시간영상송수신을 통해 유탄을 투하하는 소형폭격기로 발전하게 된다.[29]

〈그림3-3-4〉 노획된 IS의 고정익 드론

비행 중 추락으로 노획된 IS의 드론

미군의 Anti-UAS(Drone) 장비에 노획된 IS의 드론

IS는 이때부터 다양한 종류의 드론을 사용하기 시작했고 정찰 및 공격용으로 폭넓게 활용 하는데 자신들의 드론 운영 모습을 영상으로 만들어 자체 방송국과 SNS 및 UCC로 제작하여 유포한다. 또한 공격에 성공한 장면들을 편집하여 홍보를 하면서 IS가 드론을 어떻게 사용하고 있는지 세세하

28) 많은 고정익 드론이 노획되었는데 대부분 조종미숙으로 인한 추락이 많았고 대공무기나 Anti-UAS(Drone) system에 의한 노획도 상당수이다.

29) 가장 많이 쓰이는 드론 촬영장비로 중저가의 중국산 제품이 많이 쓰이고 조립제품도 다수 발견되고 있다. 실시간 영상송수신이 가능해 조종자가 직접 송출된 영상을 보고 폭격을 가할 수 있다. 고정익에서는 어렵지만 쿼드콥트 이상의 회전익 드론은 정지상태의 호버링 비행이 가능하기 때문에 정밀폭격이 가능해 졌다.

게 알려지게 되었다. 이러한 모습들을 통해 중요한 정보를 얻을 수 있었는데 기존의 일반대공레이더에 걸리지 않는 작은 쿼드콥터 드론에서 실시간 영상을 이용 40mm유탄을 투하하여 IS격퇴작전 중인 동맹군 진영을 공격하고 있던 것이다.

실제로 많은 공격을 받아 소형 드론에 대한 대응이 미미한 이라크군과 시리아군이 적지 않은 피해를 입었다. 특히 시리아군은 운동장에 마련한 임시탄약야적장을 IS의 드론에게 공격을 받아 운동장에 적재된 모든 탄약을 잃기도 했다.[30]

〈그림3-3-5〉 폭격하는 IS의 드론

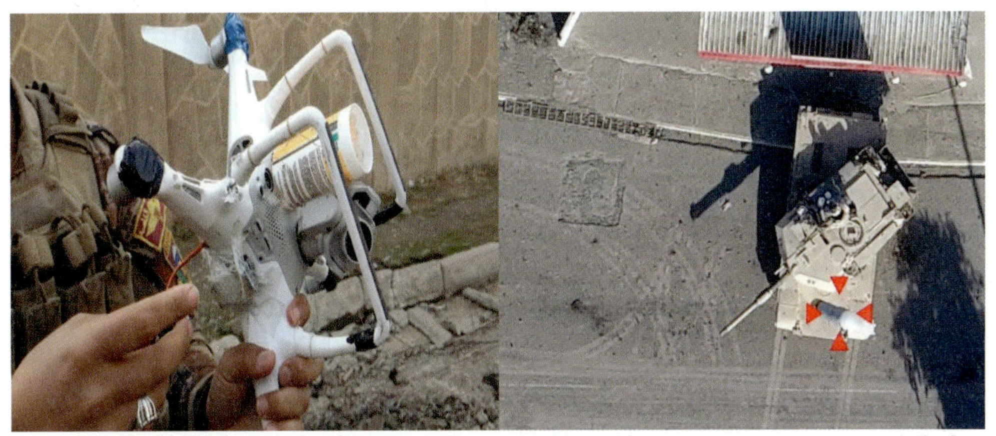

40mm유탄 투하장치가 장착된 IS의 드론(노획장비) | IS의 드론이 이라크군의 M1A1 전차에 40mm유탄을 투하하는 장면(적색HUD)

IS의 DBIED로 촉발된 Anti-UAS(Drone) System은 눈에 띄는 성장을 하게 되었고 다양한 대응방안 중에 가장 각광받는 체계가 Jamming 방어체계이다.

30) 세력이 약화된 IS는 드론 공급이 어려워지자 직접 급조드론을 제작하여 공격하기 시작했다.

〈그림3-3-6〉 IS가 드론에서 투하하는 유탄의 유형[31]

노획된 드론용 유탄류(플라스틱날개) / 셔틀콕을 이용하여 날개를 만든 40㎜유탄

Anti-UAS(Drone) System에는 여러 가지 방법이 있는데 다음의 〈표3-3-2〉에서 볼 수 있다.

〈표3-3-2〉 Anti-UAS(Drone) System[32]

31) IS는 드론에서 투하하는 유탄들의 정확도를 높이고 유탄의 안정된 비행을 위해 플라스틱 날개나 셔틀콕을 이용했다. 이러한 개조유탄들은 놀라운 명중률을 발휘해 동맹군에게 적지 않은 피해를 입혔다.

32) TR Lab 오세진 소장

탐지-식별	차단시스템	솔루션
- Radar Senser - RF Senser - EO /IR Senser - Acoustic Senser - Analysis Console	- RF Jammer - EMP - Laser Gun - Firearm - Net Launcher - Missile	- IT Infrastructute - Analysis S/W - Cloud Big Data - Video Wall - Command Center

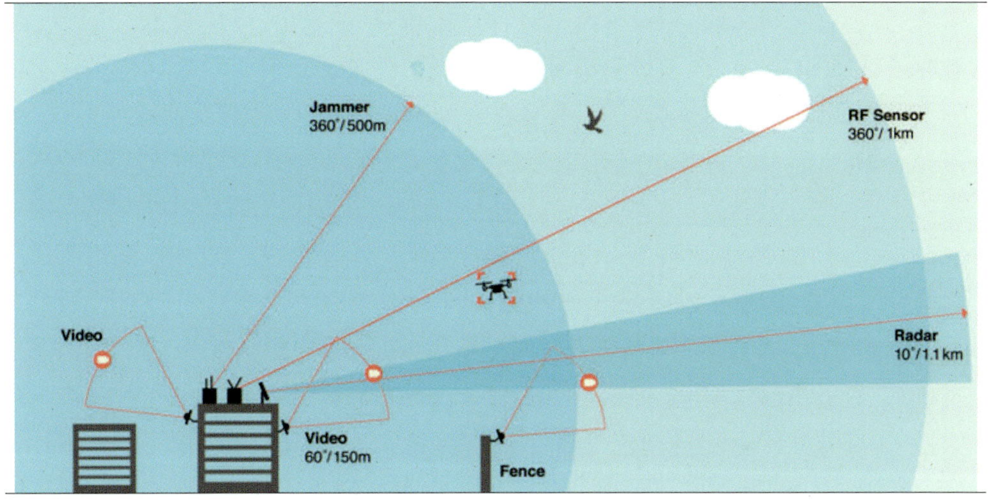

4) 항공기폭파(KAL858, DAO159, KGL9268)

항공기를 직접 공격하는 행위는 전쟁이 아닌 상황에서는 대부분이 테러 행위이다. 전후[33] 민간항공사가 활성화 되면서 그에 따른 새로운 형태의 테러가 발생하게 되는데 공중납치(Hijacking)와 항공기폭파이다.[34] 항공기 폭파의 경우 우리나라도 뼈아픈 사건의 피해국이었다. 테러가 아닌 상대국의 공군 전투기에 요격된 사례도 있지만 북한 공작원에 의한 민항기 공중 폭파 사건이 가장 유명하다.

33) 제1, 2차 세계대전

34) 9.11테러는 Hijacking된 항공기를 이용한 새로운 형태의 복합형 테러이다.

가. KAL858기 폭파사건

1987년 11월 28일 밤 11시 27분 이라크의 바그다드를 출발, 아랍 에미리트의 수도 아부다비에 기착한 뒤 방콕을 향해 가던 대한항공 858편 보잉 707기가 29일 오후 2시 5분경 버마 근해인 안다만 해역 상공에서 공중폭발, 탑승객 115명 전원이 사망하였다

본 사고는 88서울올림픽을 방해하기 위해 북한 공작원인 김승일과 김현희가 일본관광객으로 위장하여 라디오와 술로 위장한 폭발물을 설치한 뒤 환승구간에서 내리고 시한점화로 폭파시킨 사건이었다. 기내 휴대가 불가능했던 라디오는 당시 강력한 경제력을 가진 일본인임을 내세워 라디오 휴대를 허가받은 것이 화근이었다. 라디오는 자체에 전자회로가 있고 배터리를 장착하여 뇌관을 점화할 수 있는 장치가 되기 때문이다. 라디오에 Composition C4폭약을(약0.5~1lb 추정) 장착 후 뇌관이 연결된 점화휴즈를 장착하여 술병과 기내에 적재했는데 술병도 폭발물이라고 밝혀져 Composition C4폭약의 위력을 강화하기 위해 Nitro화합물〈표3-3-3〉을 사용한 것으로 판단된다. 해당 물질은 니트로기 NO가 탄소원자에 직접 결합되어 있는 유기화합물을 총칭한다.

〈표3-3-3〉 Nitro화합물

명 칭	화 학 식	특 성
nitroglycerin	$C_3H_5(NO_3)_3$	폭발성, 민감
nitromethane	CH_3NO_2	폭발성, 민감(촉매)
nitrobenzene	$C_6H_5NO_2$	폭발성, 민감(촉매)

Nitro화합물은 불안정한 유기화합물로 특정한 촉매와 혼합시 화학반응으로 분자구조가 더욱 불안정해지며 강력한 폭발력을 가지고 있어 급조폭발물의 재료로 자주 쓰이는 화공약품이며 RC자동차나 레이싱자동차의 부스터

연료로 사용되기도 한다. 만약 라디오에 장착된 소량의 Composition C4만으로 테러를 일으켰다면 2016년 Daallo Airlines A321기 테러사건에서 나타났듯이 KAL858기가 비상착륙으로 사상자가 적었을 수도 있지 않았을까 생각해 본다.[35)]

나. DAO159 폭파미수사건

〈그림3-3-7〉 비상착륙한 Daallo Airlines A321[36)]

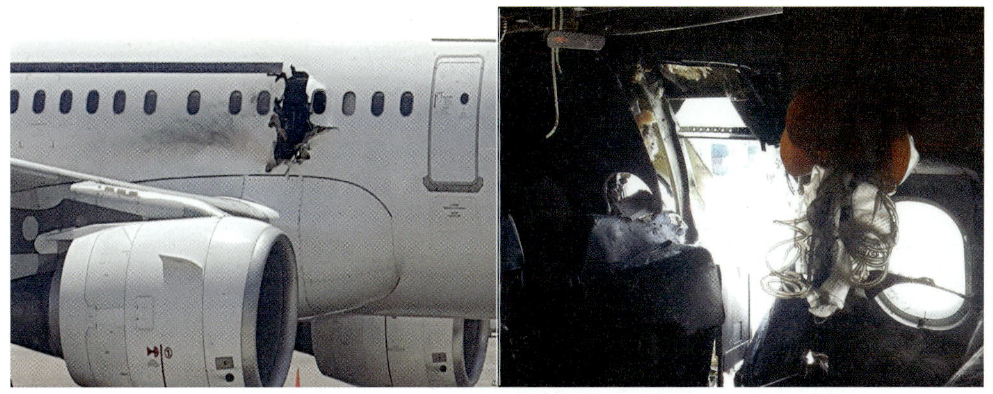

2016년 2월 2일 Daallo Airlines A321(ICAO식별 : DAO159) 항공기가 당한 사건으로 ISIS의 아프리카지부격인 Al-Shabab조직원이 소말리아 모가디슈공항에서 이륙하는 항공기에 탑승하여 폭발물이 설치된 노트북을 작동시켜 폭파시켰지만 폭발물의 양이 적어 테러범만 기체 밖으로 이탈하여 사망하는 선에서 사건이 마무리 되었다. 이때 테러범의 결정적 실수는 순항고도에 오르기 전에 폭파시킨 탓에 항공기가 비상착륙이 가능할 수 있었다.

위의 사건은 항공기 테러사건 중 주목할 면이 있는데 폭약의 위력과 항공기 피해의 상관관계이다.

35) 정진만(2016).「공항보안검색을 통한 폭발물탐지 연구」

36) 테러범은 기압차로 인해 폭발과 함께 기체 밖으로 끌려 나갔고 지상에서 심하게 훼손당한 상대로 발견되었다.

다. KGL9268 공중폭파사건

2015년10월31일(현지시각 06시13분) 러시아의 Kogalymavia의 전세기 Metrojet Flight 9268(ICAO식별 : KGL9268)이 상트페테르부르크의 Pulkovo공항으로 향하던 중 시나이반도 북부에서 추락하였다. 초기에는 원인미상이었으나 IS가 자신들의 소행이라고 밝히고 블랙박스 조사결과 폭발음이 확인되었다. IS 주장에 의하면 음료수 캔으로 위장한 IED를 폭파시켰다고 하지만 확인되지는 않았다.

〈그림3-3-8〉 KGL9268 잔해와 IED 회로

지상에서 발견된 KGL9268의 잔해

KGL9268 테러에 사용된 것으로 추정되는 IED 회로(전폭약 개념으로 사용되었을 것으로 추정:KAL858사건 참조)

5) EFP(Explosively Formed Penetrator 폭발성형관통탄)[37]

〈그림3-3-9〉 노획된 EFP와 EFP에 공격당한 차량

성형장약의 일종으로 폭발파가 연질금속을 성형하여 특정방향으로 발사하여 목표물에 대한 관통을 목적으로 한 급조폭발물이다. 일반적인 HAET탄 형태의 성형장약은 성형된 금속이 가늘고 뾰족하게 발사되는 반면 EFP는 발사되는 앞부분이 문어나 낙지머리처럼 둥글게 발사되는 것이 특징이다. 이러한 특징을 이용한 표준폭발물로 CBU-97 항공폭탄과 M303(Special Operations Forces demolition kit)을 비롯한 다양한 폭발물이 있다.

EFP는 HEAT탄 형태의 급조폭발물에 비해 폭발파의 사거리가 길어서 이라크와 아프가니스탄 등지의 시가지에서 반군에 의해 많이 사용되었다.

6) Soft Target(브뤼셀 공항, 보스톤 마라톤, 김포공항청사 폭발물 테러)

IS가 세력을 확장하면서 SNS 등 인터넷 공간을 활용 전 세계에 테러를

37) 혹은 "자가단조탄"

종용하고 직접 조직원을 파견하여 테러를 일으키기도 했다. 이에 따라 자생적 테러가 발생하기 시작했고 IS에 위해가 되는 모든 국가가 테러의 표적이 되었다. 이러한 테러들은 기존과 달리 군사시설 같은 곳이 아니라 공항, 공연장, 쇼핑몰 등 불특정 다수가 운집한 다중이용시설에 집중되었다.

가. 벨기에 Brussels 폭발물 테러

2016년 3월22일 현지시각으로 약 오전 8시경 브뤼셀 공항 출국장 아메리칸 항공 탑승 수속장 근처에서 첫 번째 폭발이 일어났고 그 직후, 스타벅스 커피숍에서 두 번째 폭발이 있었다. 사건 발생 초기 보고서에서는 공항 폭탄 테러로 13명이 사망하고 35명이 부상을 입은 것으로 알려졌다. 폭발의 여파로 공항의 유리창들이 모두 부서지고, 공항의 실내 구조물에도 심각한 피해를 주었다. 벨기에 정부는 국가 비상사태를 선포하였다.

일부 언론에 따르면, 몇몇 목격자가 폭발이 일어나기 직전 총격소리와 함께 누군가 아랍어로 외치는 소리를 들었다고 주장했다고 한다. 테러 직후 공항은 폐쇄되었으며 모든 출국 비행 노선은 취소되었다. 브뤼셀 공항이 목적지인 비행기는 결항되거나 주변의 다른 공항으로 회항해야했다.

당일 테러는 공항뿐 아니라 인근 지하철역에서도 자행되었다. 공항 테러발생 약 한 시간 뒤인 오전 9시 11분, 브뤼셀 시내에 위치한 말베이크 역과 슈만 역 사이를 지나가던 지하철 전동차에서도 폭발이 발생하였다. 이에 따라 브뤼셀 메트로는 일부 노선을 잠정 폐쇄 하였다.

초기 사건 보고에서는 지하철 폭탄 테러로 인한 사망자가 없다고 알려졌지만 후속 보고에서 15명이 목숨을 잃었다고 정정되었다. 브뤼셀 동시다발 폭발물 테러는 보안검색대가 없는 지역에서 벌어졌고 동시다발적 테러였으며 여행객으로 가장하여 수하물로 위장된 많은 양의 폭발물을 사용하여 큰 피해를 입혔다.[38]

38) 정진만(2016).「공항보안검색을 통한 폭발물탐지 연구」

〈그림3-3-10〉 Brussels 폭발물 테러 용의자와 현장

나. 미국 Boston 마라톤 폭발물 테러

2013년 4월15일 미국의 메사추세스州 보스턴에서 개최된 마라톤 대회 중 결승선 앞에서 두개의 폭발물이 터져 3명이 사망하고 183명이 부상당한 사건이다.[39] 이 테러에는 압력밥솥을 이용한 급조폭발물이 사용되었는데 압력밥솥의 구조상 개조가 용이하고 폭발파에 대한 전색효과로 순간적인 힘을 증대시켜주게 된다. 또한 압력밥솥의 파편 자체가 수류탄 파편효과 유사한 효과를 주게 된다.[40]

테러를 일으킨 범인은 키르기즈계 미국인 형제로써 평소 무슬림이민자에 대한 차별을 증오하여 외로운 늑대라는 자생테러범으로 발전하게 되었다. 형인 Tamerlan Tsarnaev는 범행직후 도주 중 경찰에게 사살 당했고 동생인 Dzhokhar Tsarnaev는 체포되어 재판에서 사형을 선고 받았다.

39) 폭발로 인한 사망이 3명, 폭발 후 테러범의 추가 공격으로 MIT경찰인 Sean A. Collier가 경찰차 안에서 사망하였다.

40) 파편역할을 하는 철편은 압력밥솥 안에 장치되어 있었다.

〈그림3-3-11〉 Boston 테러 폭발물 위치와 폭발 직후

위의 테러 이후 압력밥솥을 비롯한 다양한 형태의 식기들이 급조폭발물에 이용되었다. 특히 IS 격퇴작전이 진행 중인 이라크 지역에서 다수 발견되었다.

〈그림3-3-12〉 압력밥솥IED (모형)과 이라크에서 발견된 밥솥 IED

압력밥솥을 비롯한 식기를 이용한 급조폭발물은 파편의 효과도 있지만 일상 속에서 쉽게 볼 수 있는 사물을 이용함으로써 의심을 적게 사는 효과도 발생하게 된다. 사람들의 일상에서 쉽게 접하는 사물을 급조폭발물에 이용한다는 기본적인 사항을 적용함으로써 목적을 달성하기에 차후에도 지속적으로 사용될 가능성이 큰 유형이라 할 수 있다.

다. 김포공항청사 폭발물 테러[41)]

1986년 5월14일 오후3시12분 김포국제공항 국제선 1층 청사외부 철제 쓰레기통에서 강력한 폭발물이 터져 부부 등 5명이 사망하고 19명이 중경상을 입었다. 김포공항 청사외부 폭발물 테러가 일어난 당시에는 큰 주목을 받지 못했다. 88서울올림픽을 앞두고 북한의 방해공작이 있던 시기이기에 자국민이 피해를 입었음에도 북한의 소행일 것이다 정도로 치부했기 때문이다. 북한은 북한대로 자기들과는 상관없는 일이다라 일관했고 사건은 잊혀졌다. 하지만 묻혀있던 위 사건은 2009년에 와서 그 전말이 밝혀졌다.

일본계 스위스 베른신문기자인 무라타 노부히코(村田信彦)는 악명 높은 테러조직 ANO(Abu Nidal Organization)에 대해 조사하던 중 시기상 김포공항 테러와 관련이 있을 것으로 추정하여 舊동독의 정보기관인 STASI에서 정보를 수집하던 중 ANO가 북한 김일성에게 500만 달러의 공작금을 받고 테러를 일으켰음을 밝혀낸다. 무라타 노부히코가 밝혀낸 사실은 〈표3-3-4〉와 같다.

〈표3-3-4〉 STASI의 ANO 관련 기록 요약

테러용의자	"북한이 테러리스트 아부 니달에게 500만 달러 제공하고 청부 테러 부탁. 행동대원은 독일 적군파 소속 프레네리케 크라베(女)와 팔레스타인 테러 전문가 아부 이브라힘(男)"

41) 정진만(2016). 「공항보안검색을 통한 폭발물탐지 연구」

사 건 요 약	• "서독 적군파 출신 여성 테러리스트 크라베가 폭탄 소지하고 영국인으로 위장 입국, 공항 쓰레기통에 넣고 홍콩으로 출국" • "청부테러 사실 동독(東獨) 정보기관 슈타지가 아부 니달을 추궁하여 자백 받아" • "북한으로부터 받은 500만 달러는 오스트리아 은행에 묶여. 범인 크라베와 남편 아부 이브라힘은 지금 시리아에서 살고 있다" • "김일성(金日成)은 아부 니달을 중동(中東) 내 대리인으로 생각. 아부 니달은 북한 청탁 받고 레바논에서도 4명 납치" • 이 테러의 성공에 자신감을 얻은 북한은 이듬해 KAL기 폭파를 자행

당시의 사건 기록을 보면 청사외부 터미널의 쓰레기통에서 시한폭탄이 터진 것으로 밝혀졌다. 현재는 역사나 공항 같은 다중이용시설에는 투명한 비닐로 제작된 쓰레기통이 설치되지만 몇 년 전까지만 하더라도 불투명한 금속제 쓰레기통이 곳곳에 설치되어 있었고 테러리스트들은 그러한 점을 이용해 쓰레기로 위장된 폭발물을 설치했던 것이다.

현장을 수사한 군경 관계자들은 폭발물의 위력이 수류탄 7개의 위력을 지녔을 것으로 추정했다. 그럼에도 인명피해가 적었던 것은 천정 작업을 하던 공항관리공단 직원 故유주환 씨의 신체가 폭발파를 상당부분 막아주었던 것으로 판단하였다. 유 씨의 시신은 하반신이 소실되었던 것으로 알려졌다.

7) 차량폭파(국내)

시동을 걸거나 주행 중에 차량을 폭파 시키는 장면을 영화 등을 통해서 많이 봤을 것이다. 이러한 행위는 영화에서만 일어나는 일이 아니라 실제로 많이 일어나고 있다. 그중 우리나라에서 일어났던 사건을 다뤄보도록 하겠다.

가. 마포 콜택시 폭파사건

1991년 6월24일 21시45분경 서울 마포구 성산동에서 신호대기 중이던 M 콜택시의 택시 한 대가 폭음과 함께 폭발했다. 이 사고로 택시운전기사는 우측 고막에 손상을 입고 뒷좌석에 탑승했던 조 모씨와 조 모씨의 딸과 외손자가 중상을 입었다.

초동수사 결과 조수석 바닥에 직경 40cm 가량의 구멍이 뚫리고 안에서 밖으로 밀려나 있었고 차유리는 모두 깨져 있었다. 관할서인 마포경찰서는 LPG 누출에 의한 폭발사고로 판단했으나 “밀폐되지 않은 공간에서 LPG가 누출되더라도 화재 이외의 폭발이 일어날 수 없다.”는 전문가들의 지적에 따라 사건을 교통조사계에서 강력계로 넘겼다. 그 결과 현장에서 1시간짜리 선풍기용 타이머와 건전지, 다이너마이트 조각, 전기식 뇌관 등을 수거하였다.

최종수사 결과 150g의 다이너마이트에 전기식 뇌관과 건전지, 선풍기용 타이머를 결합한 사제시한폭발물로 밝혀졌다.

나. 순천 여관 주차장 차량 폭파사건

1995년 2월 6일 18시50경 전남 순천 소재 여관 주차장에서 40대 여사장이 남편 소유의 승용차에 시동을 거는 순간 차량이 폭발하여 여사장이 사망하고 딸 2명은 중상을 입었다. 폭발로 인해 형성된 화구의 크기로 미루어 고성능 폭발물이었을 것으로 추정되며 운전석 밑에 폭발물이 설치되어 있던 것으로 밝혀졌다.

8) 부탄가스폭파(국내)

휴대용 부탄가스는 크기가 작아 휴대성이 용이하고 일정한 조건 형성 시 폭발물 재료로 사용이 가능하기 때문에 자주 쓰이는 재료이다.[42)]

42) 휴대용 부탄가스 뿐 아니라 LPG도 폭발물 테러에 쓰이는 경우가 종종 있다. LPG 자체를 사

가. 서울역, 고속버스터미널 물품보관함 폭파 사건

2011년 5월12일 대낮에 서울역과 고속버스터미널에 있는 물품보관함에서 연이어 폭발이 일어났다. 폭발이 일어나자마자 화재로 이어졌으나 상인과 청원경찰에 의해 진화되었다. 이번 폭발은 주가조작을 위한 범행이었으나 폭발물 제조가 미숙하여 폭발에 의한 피해는 미미했다.

〈그림3-3-13〉 서울역, 고속버스터미널 피해 물품보관함

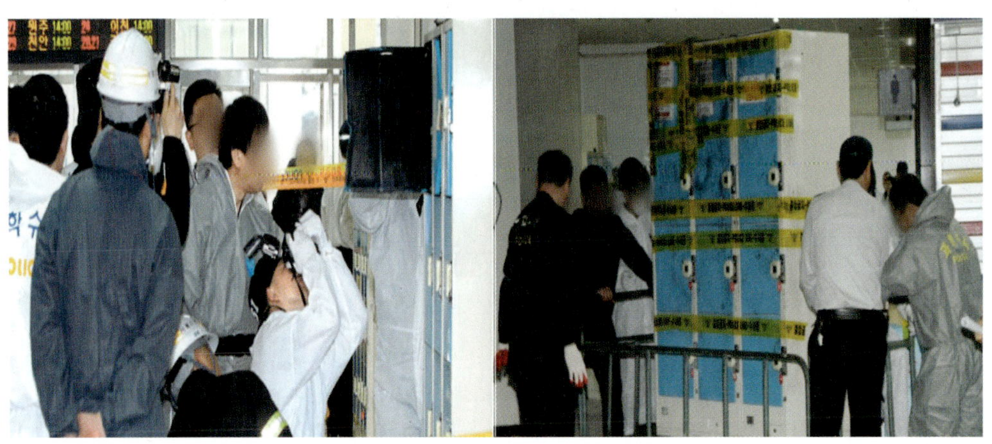

위의 〈그림3-3-13〉에서 보이듯 폭발이라고 보기에는 부족한 피해를 입었다. 범인이 구성한 폭발물의 회로 자체는 어느 정도 완성된 상태였지만 가스 압력을 유지하지 못한 치명적인 문제가 있었다.[43]

나. 인천공항 부탄가스 급조폭발물 사건

2016년 1월29일 17시 35분경 인천공항 7번 게이트 옆 남자 화장실에서 폭발물로 의심되는 물체가 있다는 신고가 들어왔다. EOD를 비롯한 특공대를

용하기 보다는 부족한 폭발물의 위력 증가를 위해 또는 보조적이 재료로 쓰인다. (2002년10월 12일 인도네시아 발리 나이트 테러 당시)

43) 일반 폭죽에서 추출한 화약으로 뇌관을 만들고 타이머를 사용했다.

투입하여 정밀 수색한 결과 좌변기 위에서 가로 25cm, 세로 30cm, 높이 4cm 크기의 종이상자와 라이터 가스통 1개, 500ml 생수통 한 개, 뇌관이 장착된 부탄가스통 두 개와 아랍어 메모44)가 확인되었다. 최초 IS 등을 용의선상에 두었으나 아랍어 메모가 번역기를 사용한 어설픈 아랍어로 확인되어 수사 시작 얼마 되지 않아 범인을 체포했다.

〈그림3-3-14〉 변기위에 설치된 부탄가스와 아랍어 메모

9) 부비트랩(국내)

앞 단원에서 언급 했듯이 부비트랩의 역사는 상당히 오래되었다. 또한 화약이 발명된 이래 보다 다양한 형태로 발전했고 급조폭발물 또한 부비트랩 형태의 구조로 자주 사용되면서 현장요원들 뿐 아니라 불특정 다수의 일반인들에게까지 다양한 위협으로 다가오고 있다. 우리나라에서도 부비트랩 형태의 급소폭발물 사례가 있어 소개하고자 한다.

---

44) 구글번역기 번역 결과 "이것은 마지막 경고다. 너에게 해당하는. 알라가 벌을 내릴 것이다." 라고 정확히 번역되었다.

〈그림3-3-15〉 부비트랩형 급조폭발물

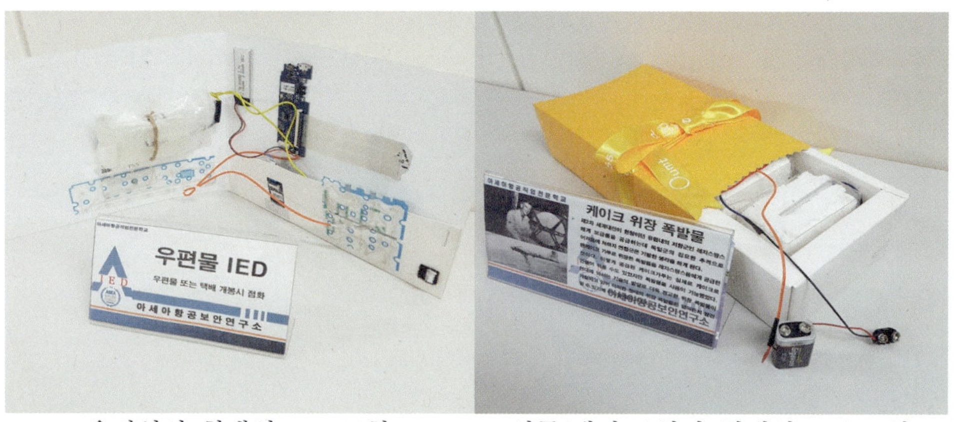

우편엽서 형태의 IED 모형
개봉 시 인력에 의해 작동

선물(케이크)상자 형태의 IED 모형
개봉 시 자석감지기에 의해 작동

가. 대학원 교수 폭발물 상해사건

〈그림3-3-16〉 사건에 사용된 텀블러 이용 급조폭발물

사건 현장의 잔해와(좌) 수집된 증거물(우). 파편효과를 의도하기 위해 사용된 금속파편과 전기식 점화를 위한 회로의 일부가 확인된다.

2017년 6월13일 자신의 연구실 문고리에 걸려있던 쇼핑백을 발견한 모 교수는 아무런 의심 없이 쇼핑백에 들어있던 상자를 개봉했다. 하지만 그것은 일반적인 선물이 아닌 급조폭발물이었다. 다행히 폭발력이 부족해 급속연소가 되면서 해당 교수는 목과 손 부위에 1~2도 화상을 입었다.

조사결과 해당 교수와의 불화로 불만을 품은 대학원생이 범죄의 목적으로 급조폭발물을 제조하여 설치한 것으로 밝혀졌다. 해당 교수는 처벌을 원하지 않겠다는 의사를 밝혔지만 사법처리를 불가피한 상황이었다.

문제의 폭발물은 텀블러를 용기로 이용했으며 개봉 시 전기식 급조뇌관이 작동하여 폭발물을 점화하도록 제작되어 있었다. 하지만 분말형태의 폭발물은 폭발에 필요한 혼합이나 부족한 압력 등의 이유로 폭발하지 못하고 급속 연소되어 큰 피해를 면할 수 있었다.

나. 엔터테인먼트 폭발물 사건

〈그림3-3-17〉 서적을 이용한 급조폭발물

IS(DAESH)가 이라크 북서부지역에서 사용한 IED로 이슬람경전인 꾸란을 IED에 사용함으로써 이슬람권의 거센 반감을 받게 되었다. 서적을 이용한 IED는 상대로 하여금 방심하기 쉽게 만드는 방법으로 꾸준하게 이용되고 있다.

크리스마스에 이은 연말 분위기가 가시지 않은 2002년12월27일 서울 시내의 모 엔터테인먼트의 대표이사 사무실에서 폭발이 일어났다. 사무실로 배달된 소포를 개방하자 소포물인 서적 안에 설치된 폭발물이 폭발하여 대표이사가 부상당한 사건이다.

이 사건은 금품을 요구할 목적으로 협박하기 위해 벌인 사건으로 포장 개봉 시 인력으로 작동하여 배터리의 전원이 급조뇌관을 작동시켜 내부에 충전된 폭발물이 점화되도록 제작된 형태의 급조폭발물 이었다. 내부에 충전된 폭발물은 흔하게 구할 수 있는 폭죽에서 추출하여 충전되었으며 다행히 추진화약이 주성분으로 큰 피해는 면할 수 있었고 위의 2017년 대학교 교수 폭발물 상해사건과 흡사한 점이 많아 비교되는 사건이다. 이 사건에 앞서 12월 7일 서울시내 모 백화점에서 시한점화장치가 장착된 급조폭발물이 발견되어 화재가 되기도 했었는데 동일 목적의 동일범으로 알려졌다.

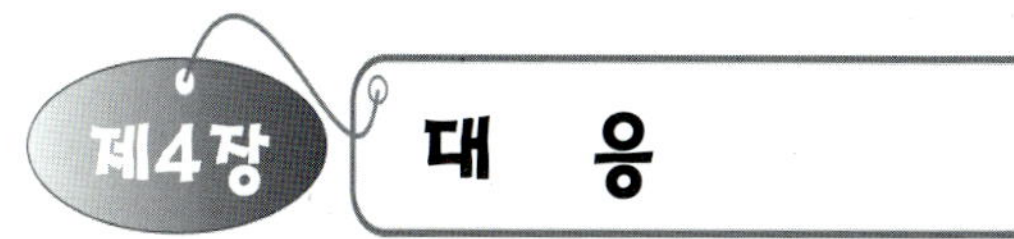

1. 폭발물대응관련이론

폭발물을 다루거나 상황에 대응하기 위해서는 기본적인 이론적 배경이 필요하고 현장의 일반보안요원도 상식적으로 알아둘 필요가 있다. 이번 장에서는 폭발물과 대응에 필요한 기초과학이론에 대해 소개하고자 한다.

1) 폭발의 효과

화약류를 비롯한 폭발물에 의한 폭발은 몇 가지 중요한 효과를 발생시킨다. 크게 압력에 의한 효과, 파동에 의한 효과 그리고 폭발 시 발생한 열에 의한 효과로 나뉠 수 있다.

가. 압력에 의한 효과

폭발물이 폭발할 때 급격하게 많은 에너지를 방출하는데 이때 발생하는 것이 압력이다. 압력은 폭발원점[1]에서 밖으로 방사되는 양압과 폭발원점을 향해 모여드는 것이 양압이다. 이러한 양압과 음압이 교차하는 압력의 정도에 따라 폭음이나 파편의 비산 위력이 달라진다.

– 양압/음압

양압과 음압이 발생하는 원인은 간단하게 설명이 가능하다. 양압이 발생하는 단계인 양압기(Positive Phase)는 폭발원점에서 발생한 고압의 폭발압력이 사방으로 방사되는 단계를 말하며 폭발에 의한 피해는 대부분 이 단

1) 폭발이 일어난 시작점, 핵폭발의 경우 핵폭발 원점을 Ground Zero라고 칭한다.

계에서 발생한다. 이때 발생한 양압에 의해 방사방향으로 구조물이 붕괴 및 균열을 일으키며 파편이 비산하게 된다. 반대로 음압이 발생하는 단계인 음압기(Negative Phase)는 양압의 방사가 완료된 직후 폭발원점을 중심으로 낮아진 압력의 균형을 이루려는 성질로 인해 대기가 몰려드는 단계이다. 이때 발생하는 압력은 양압에 비해 약하지만 양압기에 약해진 구조물 등이 음압기에 추가로 파괴되거나 비산 할 수 있다.

〈그림4-1-1〉 양압기와 음압기

양압 : 폭발원점에서 시작된 폭발압력이 방사

음압 : 양압으로 인해 폭발원점중심으로 발생한 낮은 압력 방향으로 반대의 압력이 발생(양압보다 위력이 약함)

위의 〈그림4-1-1〉은 폭발 시 발생하는 양압기와 음압기를 표현한 것이다. 양압기에 발생하는 압력으로 화구형성효과[2], 균열효과[3], 파괴효과[4]가 부수적으로 일어나며 음압기에는 화구형성효과를 제외한 나머지 두 개 효과가 양압기보다 약하게 발생하여 양압기에 받은 피해를 가중하게 된다.

2) 폭발파가 지면으로 방사되면서 폭발파의 위력만큼 패이는 현상
3) 폭발파의 진행 방향에 따라 파동이 전해져 지진과 같이 물리적 균열이 생기는 현상(지진효과)
4) 물체가 폭발파에 압력을 이기지 못하고 파괴되는 현상(파편효과, 비산효과 동반)

- 압력의 응용

폭발물의 폭발 시 발생하는 압력을 응용하여 독특한 효과를 발생시킬 수 있는데 압력의 집중으로 관통력을 강화시키는 방법이다. 먼로 효과 또는 노이만 효과로 각각 불리기도 하지만 먼로-노이만 효과라고 하는 것이 옳은 표현이라 할 수 있다.[5)]

〈그림4-1-2〉 먼로-노이만 효과

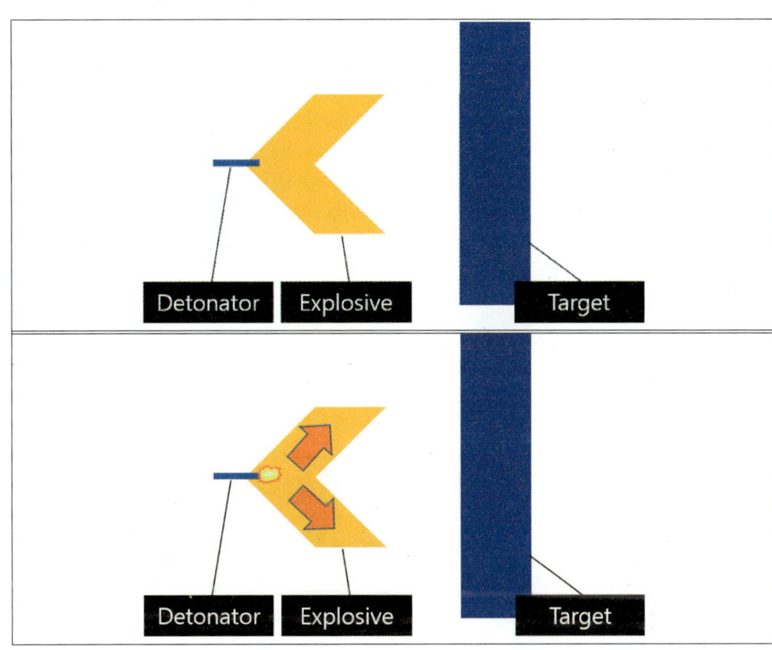

5) 19세기 광공업에서의 화약류 사용이 증가하면서 표적과 화약을 이격시켜 폭발시킬 경우 표적에 더 깊게 화구가 형성되는 현상이 발견되었다. 1888년 미국의 해군 어뢰창에 근무하던 먼로(Charles E. Munroe) 교수가 제조업체명이 음각된 철판위에 면화약을 폭발시키자 음각된 부위가 집중적으로 파여진 것을 발견하여 반대로 양각된 철판에 폭발시키자 양각을 제외한 나머지 부분이 더 깊게 파여진다는 것을 발견했다. 1910년 독일인 노이만(Egon Neumann)이 TNT를 사용하여 같은 현상을 발견하였는데 여기에 더해 TNT 블럭에 구멍을 내어 폭발시켜 성형장약의 기초이론을 성립했다. 통상 미국에서는 먼로 효과, 독일에서는 노이만 효과라고 칭하며 우리 군의 경우 교범마다 먼로 효과, 노이만 효과(원리)라고 다르게 명칭하며 라이너 효과(원리)라고 칭하는 경우까지 있어 정리가 필요하다.

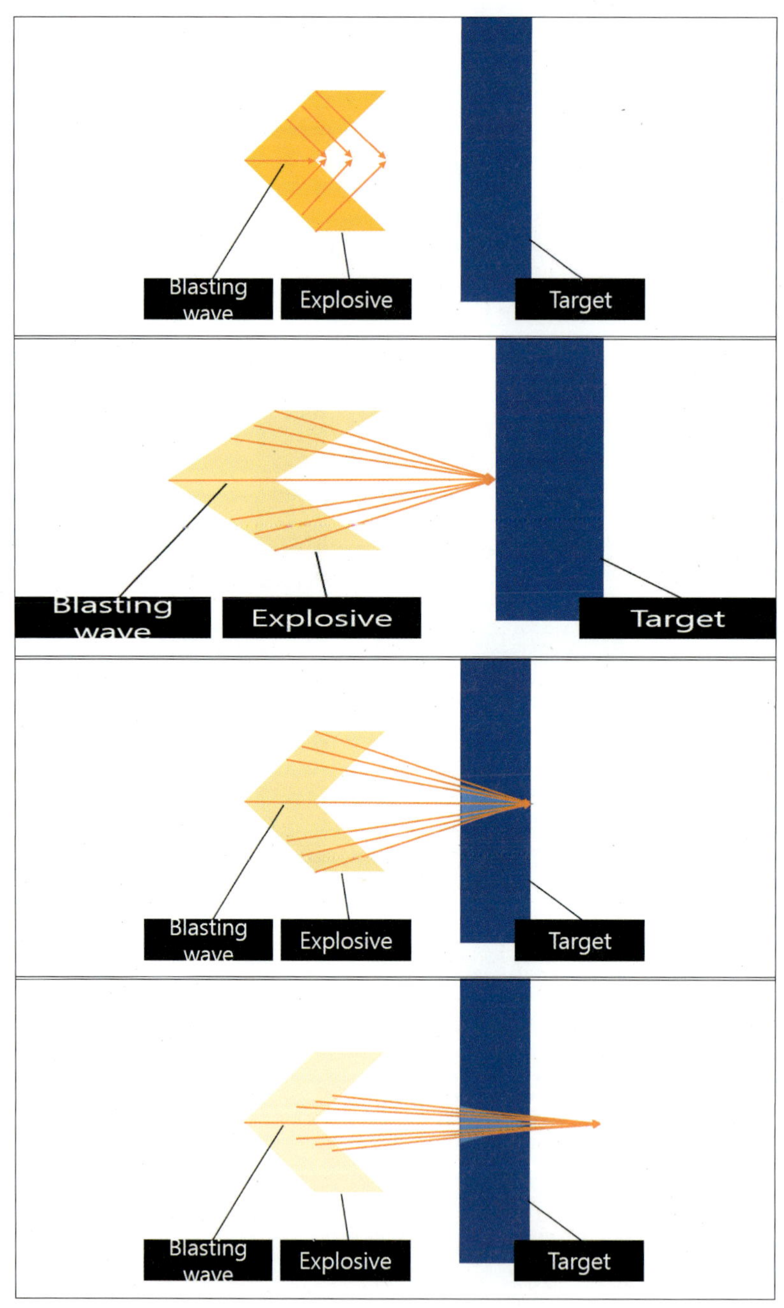
Blasting wave
Explosive
Target
Blasting wave
Explosive
Target
Blasting wave
Explosive
Target
Blasting wave
Explosive
Target

위의 〈그림4-1-2〉는 먼로-노이만 효과를 설명한 이미지로 뇌관에서 시작된 폭발파가 원뿔(Cone)의 중심에서 에너지가 모이게 되고 그 에너지가 폭발파의 위력을 증가시켜 직진하게 된다. 그 폭발파는 원뿔의 형태와 깊이에 따라 위력과 거리가 상이해진다.

〈그림4-1-3〉 라이너 효과[6]

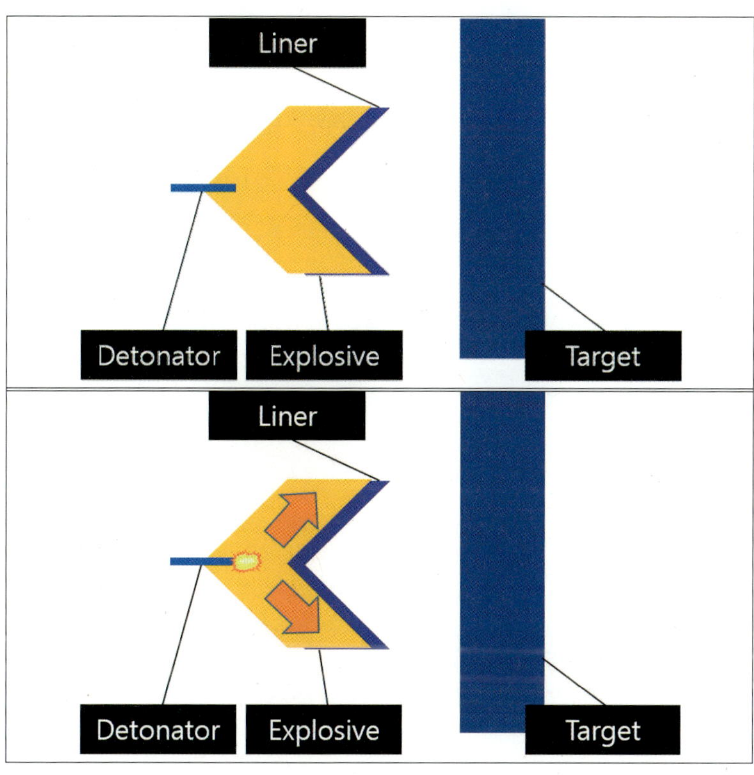

6) 먼로-노이만 효과의 증대를 위해 연질의 금속을 폭발파의 진행방향 면에 부착하여 폭발 시 폭발열과 압력이 금속 Liner를 성형하여 폭발파의 진행 형태로 변형시켜 관통력을 증가시킨다.

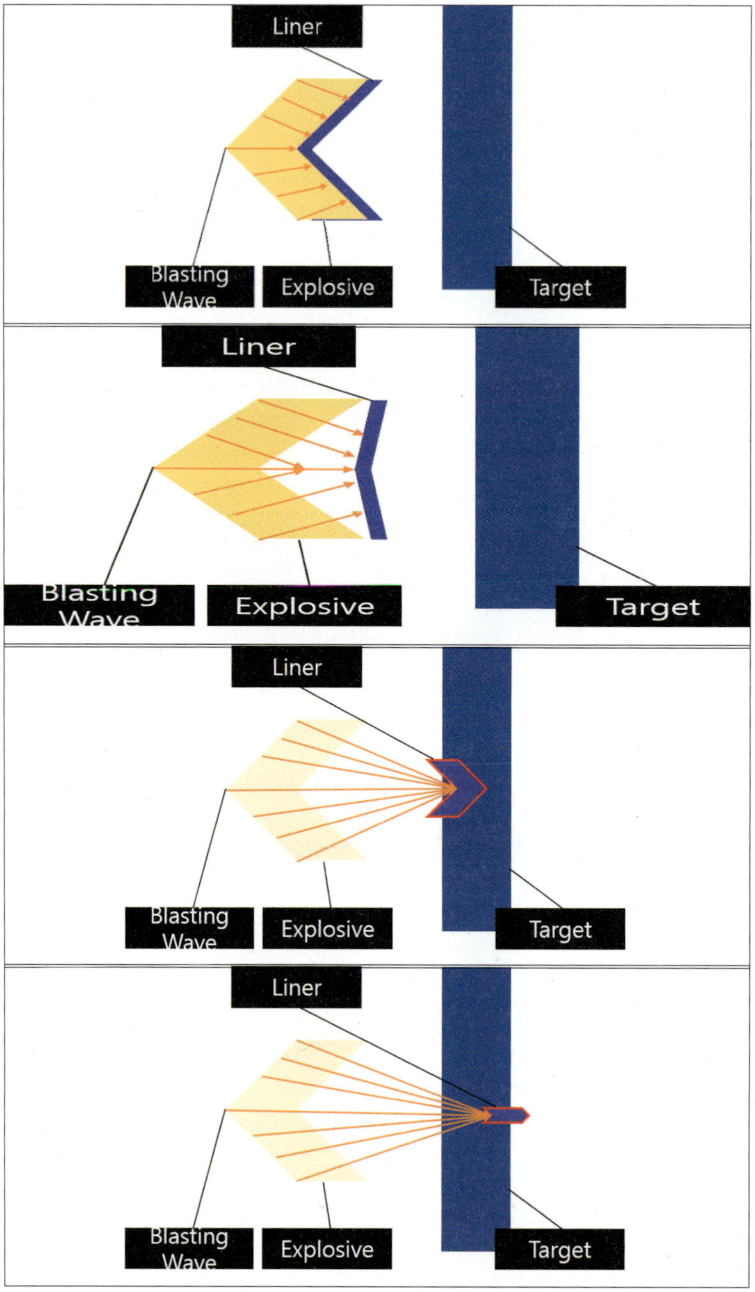

Liner
Blasting Wave
Explosive
Target
Liner
Blasting Wave
Explosive
Target
Liner
Blasting Wave
Explosive
Target
Liner
Blasting Wave
Explosive
Target

먼로-노이만 효과는 일종의 화학에너지이다. 원뿔 형태로 성형된 폭발물이 폭발 시 발생한 열과 압력이 집중되는 원리를 이용한 화학적 에너지인데 특수목적 사용의 경우 예를 들어 군사목적의 관통력이 필요한 경우 표적에 대한 관통력이 중요한데 일반적인 차량이나 기타 장비는 상관없지만 장갑차나 전차 같은 경우 일반 압연강판이 아닌 고강도로 가공된 균질압연강판이나 그 이상의 장갑을 사용하기 때문에 관통력 증가를 위해 먼로-노이만 효과를 적용한 성형장약탄의 일종인 대전차고폭탄(HEAT : High-Explosive-Anti-Tank) 종류는 〈그림4-1-3〉과 같이 대부분 구리 라이너[7]를 장착하여 관통력을 증가시키고 있다.

위의 먼로-노이만 효과를 응용한 특수목적고폭탄 체계 중 EFP[8]라는 것이 있다. EFP는 전형적인 HEAT탄에 적용되는 원뿔의 형태가 아니라 깊은 접시 또는 대접 모양의 돔 형태 또는 얕은 원뿔의 라이너를 장착한 성형장약이다. 비교적 제작이 쉽고 라이너가 HEAT탄 형태에 비해 멀리 날아가 관통할 수 있는 것이 특징이다.[9]

나. 파동에 의한 효과

폭발물의 폭발 시 물리적으로 밀어내고 끌어당기는 것이 압력에 의한 효과라 한다면 폭발파의 진동을 전달하여 물리력을 행사하는 효과는 파동에 의한 효과라 할 수 있다.[10] 잔잔한 수면에 돌이 떨어졌을 때 돌이 떨어진 지점을 중심으로 물결이 방사되는 것을 볼 수 있는데 시간이 지남에 따라 물결의 방사가 약해지게 된다. 이때 다시 돌이 떨어지면 물결의 방사가 강해지고 먼저 방사되고 있던 물결이 끝나지 않으면 두 개의 물결이 부딪히기도 한다. 이러한 현상은 돌이 떨어지면서 지니고 있던 위치에너지가 수면에 전해지며 시작되고 에너지가 모두 소모되면 물결의 방사가 중지된다.

7) 구리를 라이너로 사용할 경우 가성비가 가장 좋다.
8) Explosively Formed Penetrator 장갑관통폭발형관통자
9) 〈그림3-1-1〉 참고
10) 파동이 지면으로 전달되어 흔들리는 것이 지진효과이다.

또한 물결이 방사되는 수면에 나뭇잎 등이 떠 있다면 물결의 방사에 맞춰 출렁이지만 위치이동은 하지 않는 것을 알 수 있다. 그 이유는 바람에 의해 움직이는 물결과 달리 파동(진동)에 의해 발생하는 물결은 파동의 세기에 따라 위아래로 움직일 뿐 이동은 하지 않기 때문이다. 폭발물도 마찬가지로 폭발물이 가지고 있던 화학에너지가 순간적으로 방사되면서 사방으로 그 힘이 진동과 압력으로 전달되는데 수면에서의 진동이 물결로 표현되었다면 지상에서는 공기와 물질을 통해 전달되게 된다. 이때 진동으로 에너지를 전달받는 물질(유체)가 진동의 에너지를 감당할 수 없게 되면 균열로 이어지게 된다. 이것이 바로 파동에 의한 효과라 할 수 있다.

– 유체에 의한 파동 전달

유체[11]는 파동의 운동형태 그대로 표현되어 전달된다. 위에서 언급한 수면에 돌을 던졌을 때 물결의 모양이 바로 유체에 의해 표현된 파동의 모습이다. 공기 또한 파동의 운동형태 그대로 표현되지만 눈에 보이기는 힘들다. 특별한 경우에 눈에 보일 수 있는데 고열과 빛이 함께 방출될 때 일그러진 공기의 형태가 순간적으로 보이거나 공기 중의 먼지에 의해 보일 수도 있다.

11) 액체와 기체를 합쳐 부르는 용어. 변형이 쉽고 흐르는 성질을 갖고 있으며 형상이 정해지지 않음.

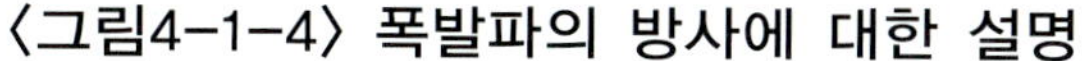
〈그림4-1-4〉 폭발파의 방사에 대한 설명

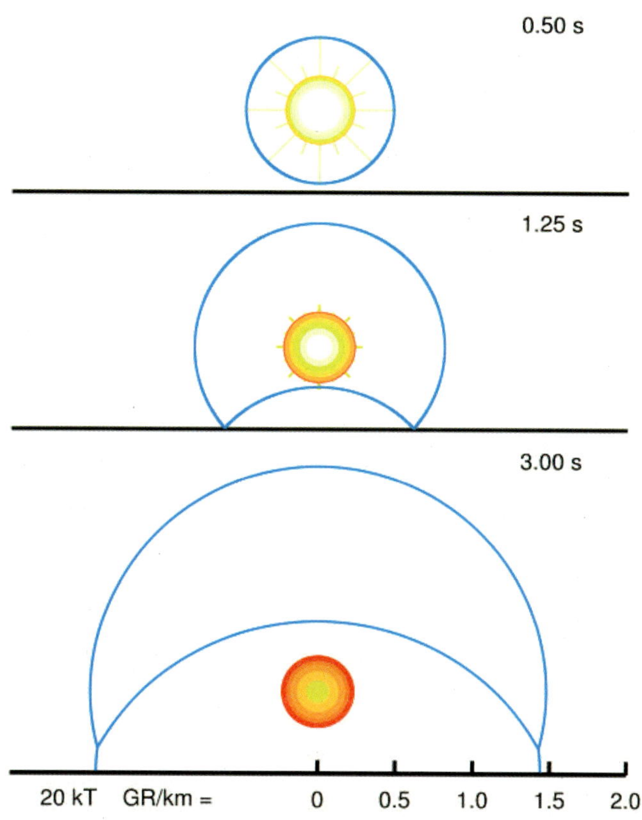

△ 폭발 직후 방사된 폭발파는 압력과 파동으로 전달되며 공기 중에 방사된 파동은 차폐된 면에 일부 흡수되지만 고체 등 다른 물질인 경우 대부분 반사된다. 이때 뒤이어 방사된 파동의 에너지가 작으면 방사 중인 파동을 밀고 나가 폭발 원점까지 넘어갈 수 있다. 다만 같은 유체인 액체의 경우엔 고체에 비해 많은 양의 에너지가 파동으로 전달된다.

유체에 의한 파동의 전달은 액체와 기체 각각 다른 성질을 보이는데 액체의 경우 수심이 깊고 수압이 강할수록 파동이 응축되어 압력의 집중에 의한 관통력 강화와 유사한 힘을 발휘하게 된다. 폭약을 수중에서 터뜨렸을 때 물고기들이 죽어서 떠오르게 되는데 겉은 멀쩡하지만 부레를 비롯한 내장기관이 폭발에 의한 파동에 의해 쉽게 손상되기 때문이다. 다만 일반적인 폭발의 경우 수압에 의해 파동이 멀리 전달되지 않게 된다. 이것을 수압에 의한 전색효과12)라 한다.

〈그림4-1-5〉 공기와 전색 및 수중에서의 파동 전달

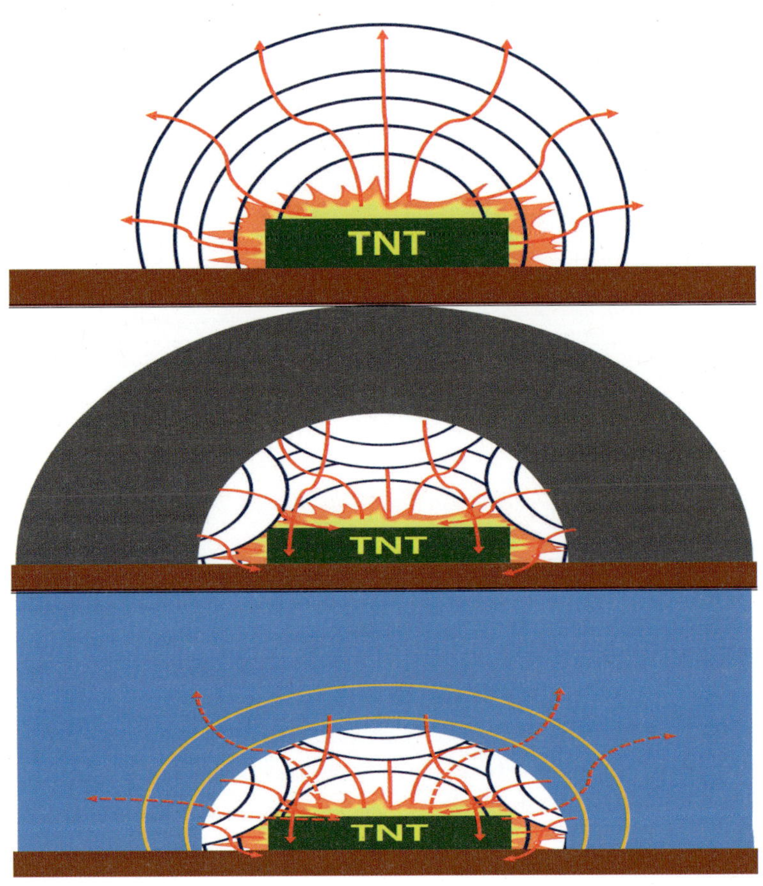

12) 폭약이 폭발하면서 충격 및 압력파가 물체에 전달되는데 이때 충격 및 압력파가 한 쪽 방향으로 물체에 집중 전달되도록 진흙, 모래, 마대 등과 같은 물질로 감싸는 것. (국방과학기술용어사전)

기체를 통해 파동이 전달되는 경우 개방된 공간과 그렇지 않은 공간에서의 피해가 다르다. 폐쇄된 공간도 완전 차폐 또는 부분적으로 차폐된 공간의 경우가 다르다. 먼저 완전 차폐된 실내의 경우 파동이 수없이 반사되게 된다. 산이나 고층건물 밀집지역에서 메아리가 울리는 현상과 유사하다. 즉, 기체를 통해 전파되는 파동으로 전달되는 에너지가 완전 방사되지 못하고 실내에 머물게 되는데 그 안에 생명체가 있다면 에너지가 소모될 때까지 계속 피해를 입게 된다.[13] 부분적으로 차폐된 경우 파동이 개방된 통로를 따라 전달되게 되는데 개방된 통로의 방향에 따라 이동하는 에너지 위력이 다르다.

〈그림4-1-6〉 부분적 차폐공간에서의 폭발 에너지 전파

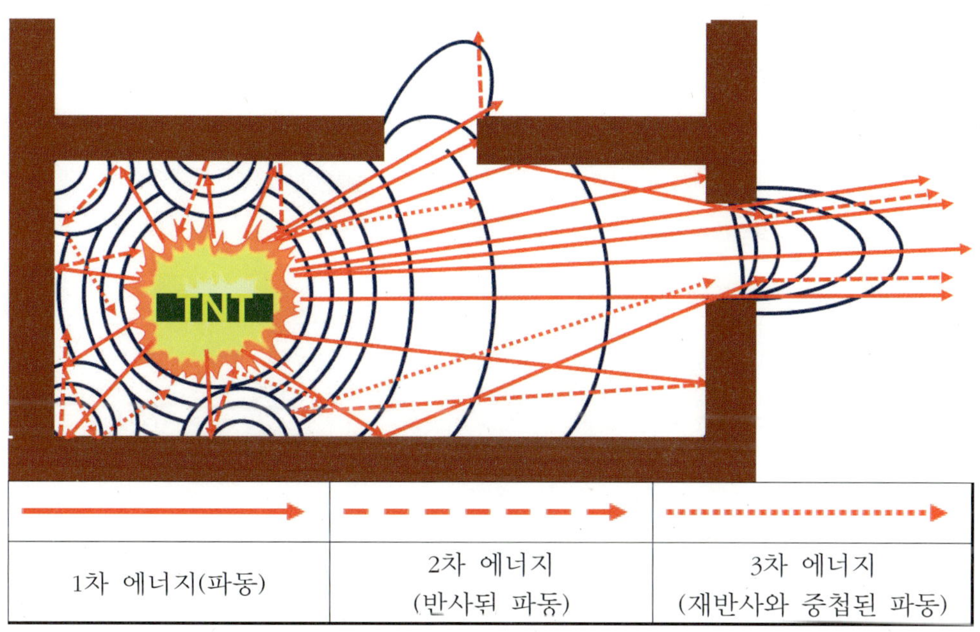

13) 기체를 통해 전달된 파동이 고체인 내벽 등에 흡수 전달되는 비율이 상대적으로 부족하기 때문이다.

– 고체에 의한 파동 전달

위의 〈그림4-1-6〉은 공기 중의 파동 전파만 표현되어 있다. 하지만 고체를 통해서도 파동이 전파될 수 있다. 만약 차폐된 지역의 외부에 있다 하더라도 피해를 입게 되는데 이것은 개방된 통로 뿐 아니라 고체인 건물내 벽을 통해서도 파동이 전달되기 때문이다. 위력에 따라 다르지만 헬멧을 비롯한 안전장구를 착용하고 있더라도 파편에 의한 외상이 아니라 압력파를 비롯한 파동에 의해 내상을 입을 수 있다.

〈그림4-1-7〉 운동량보존의 법칙에 의한 파동의 전달

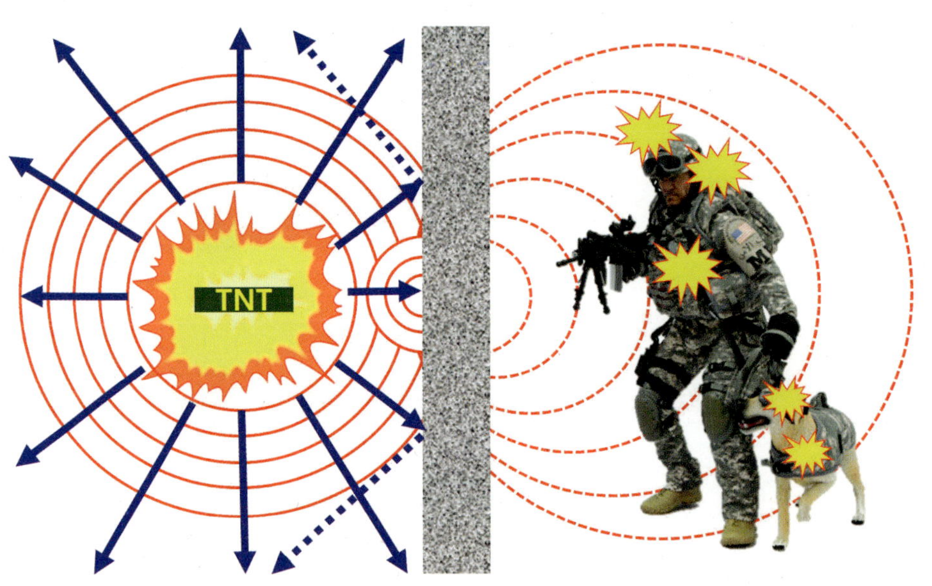

위의 〈그림4-1-7〉은 폭발 시 발생하는 압력과 파동의 에너지 이동을 설명한 그림이다. 화살표로 표시된 폭발압력은 벽에 가로막히지만 개방된 통로를 따라 응축되어 이동하게 된다. 하지만 폭발에 의한 파동은 기체-고체-기체로 이동하여 에너지가 전달되게 되는데 공기중(기체)으로 전달된 에너지

에 의해 압력에 의한 피해를(외상)을 입지 않더라도 뇌, 장기 등에 내상을 입게 된다. 이 경우 뇌손상이 가장 치명적이다.

다. 열에 의한 효과

화약류를 비롯한 급격한 연소에 의한 폭발은 화학적 폭발이지만 전자장비등의 전기적 폭발이나 압력용기 등이 폭발하는 물리적 폭발도 있다. 이 중 물리적 폭발은 단열팽창효과[14)]로 인해 압력용기 내부물질의 온도는 상승하지 않고 밀도가 낮아지면서 주변을 냉각시키게 되는 냉폭발(Cold Explosion)이 일어나게 된다. 전기적폭발의 경우 아크라는 특이한 현상이 발생하게 되는데 전극이 접촉하여 강한 전류가 흐르면 전극은 접촉저항에 의해 과열되고 전극이 증발하여 금속의 증기를 발생하여 방전하게 되는데 이것이 아크이다.

– 화학적 폭발과 열의 방사

화약류의 폭발뿐 아니라 분진[15)]과 유증기[16)]를 비롯한 가스 류의 폭발도 화학적 폭발이다. 이러한 폭발은 폭발과 동시에 열이 발생하며 주변 대기가 팽창하게 되는데 폭발파에 의해 고온의 열이 방사되면서 빛을 굴절시켜 사물을 왜곡하여 보이도록 한다. 또한 방사된 고열에 의해 접촉된 물질에 열 손상을 입히게 된다. 사람을 비롯한 산소를 호흡하는 생명체에겐 피부에 화상을 유발하며 흡입열에 의한 내부화상과 순간적인 산소 소모로 인한 질식도 발생할 수 있다.

---

14) 외부와 열교환 없이 물체의 부피가 늘어나는 현상으로 부피를 늘리는 데 필요한 열을 내부에너지로부터 얻기 때문에 물체의 온도는 내려가게 된다. (ex. 구름생성)

15) 유기화합물 또는 금속성 분발의 경우 밀폐된 공간에서 공기 중에 살포된 상태에서는 폭발의 위험이 있다.

16) 휘발성이 있는 유류의 경우 밀폐된 상태에서 발생할 경우 폭발의 위험이 있다.

2) 기상폭발과 응상폭발

폭발물의 폭발 시 상태에 따라 구분되는데 기체 상태에서의 폭발은 기상폭발이라 부르고 액체 및 고체 상태에서의 폭발은 응상폭발이라 한다.

〈표4-1-1〉 기상폭발성 가스와 유증기

물 질	비 중
Hydrogen(H_2)	0.07
Methane(CH_4)	0.55
Acetylene(C_2H_2)	0.90
Carbon monoxide(CO)	0.97
Ethane(C_2H_6)	1.03
Propane(C_3H_8)	1.15
Butane(C_4H_{10})	1.93
Acetone(C_3H_6O)	2.00
Pentane(C_5H_{12})	2.50
Hexane(C_6H_{14})	3.00

- 기상폭발

일반적으로 가스 상태에서 폭발하는 현상을 말한다. 폭발성 가스에는 LPG, LNG, 메탄, 유증기를 비롯해 다양한데 액체상태의 물질이 공기 중에 안개처럼 분사된 상태에서 폭발해도 기상폭발이라 한다. 이러한 액체는 산화에틸렌이나 산화프로필렌과 같은 물질이 대표적인데 급격히 기화되면서 가스를 형성하는 성질을 가지고 있다. 이러한 성질을 이용한 것이 기화폭탄[17]이다.

17) FAE(Fuel Air Explosive)

〈그림4-1-8〉 액체의 기상폭발(기화폭탄)

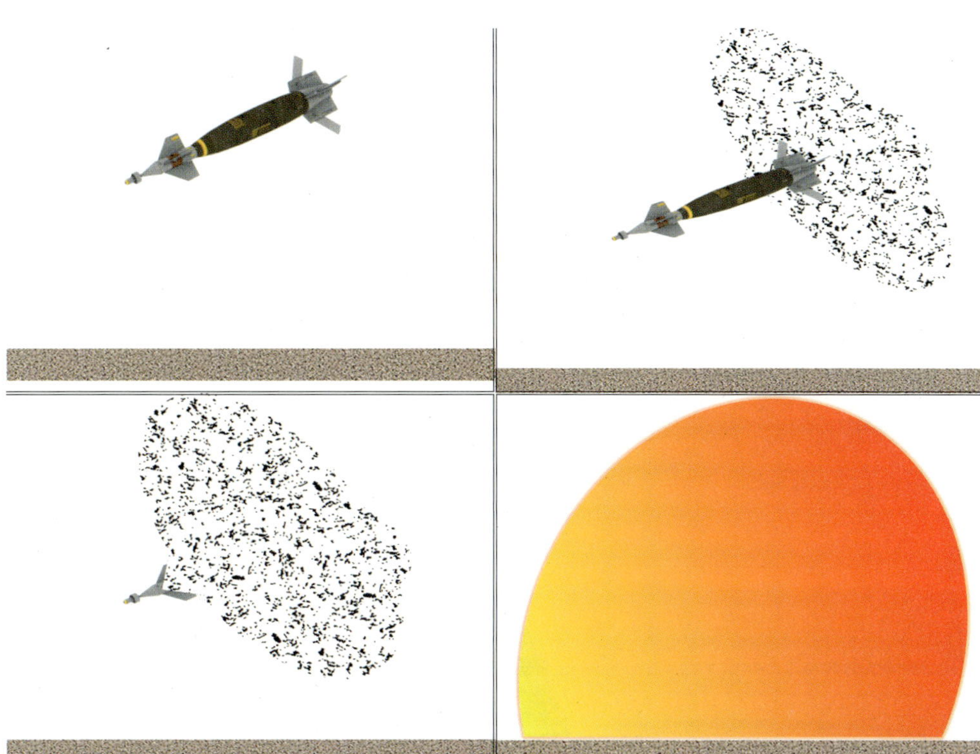

△ 좌측부터 "Z" 방향으로 기화폭탄 투하 - 내부액체살포(산화에틸렌 또는 산화프로필렌) - 투하된 폭탄이 낙하하는 운동에너지에 의해 내부액체가 지상으로 살포 - 살포된 액체가 기화되며 폭발

- 응상폭발

화약류나 분진폭발과 같이 고체 상태에서 폭발하거나 니트로메탄 등의 니트로계열의 폭발성 액체가 폭발하는 경우를 말한다. 공기 중에 분사된 분진의 폭발을 기상폭발로 분류하기도 하지만 아직 학문적으로 적립되지 않은 부분이며 저자의 사건은 응상폭발로 생각하고 있다.

3) 분진폭발

화약류가 아닌 고체 상태의 물질이 폭발하기 위해서는 미세한 분진상태가 되어야 한다. 마이크로미터 단위의 분진으로 쪼개진 고체물질은 쉽게 연소될 수 있게 되는데 밀폐된 공간에서 공기 중으로 분진이 살포된 경우 작은 불꽃에도 급속하게 연소되거나 폭발하게 된다.

〈그림4-1-9〉 폐쇄공간에서 분진폭발의 단계

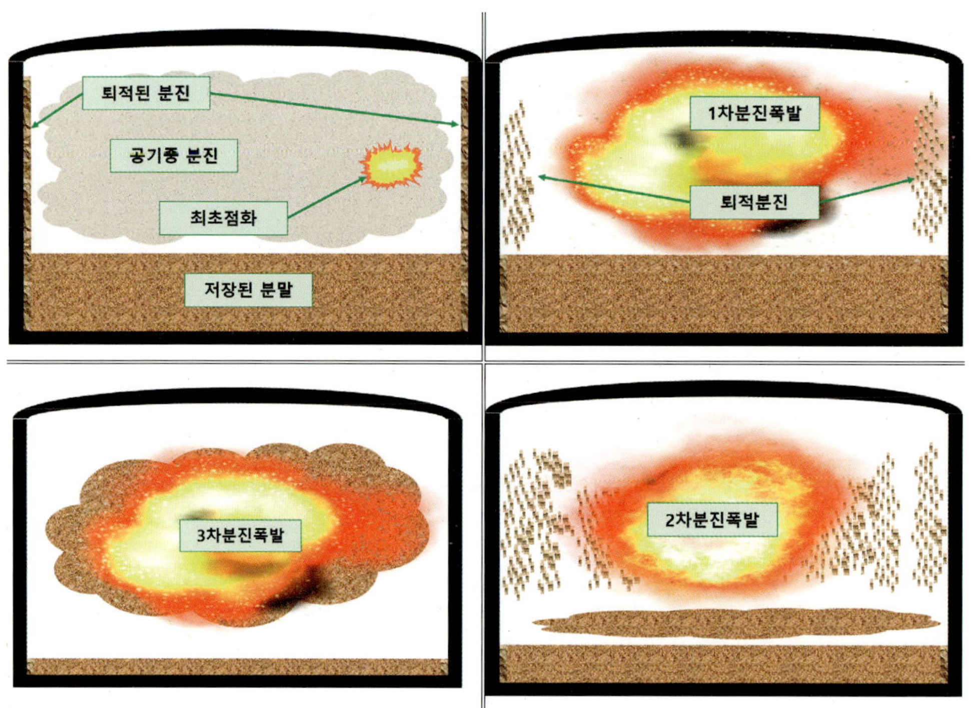

△ 곡물 탱크에서의 분진폭발의 예 - 좌측에서 시계방향으로 밀폐된 탱크 공간에 떠있는 분진에 최초의 점화발생 / 분진에 점화가 되며 폭발 발생, 폭발의 위력으로 내벽에 붙이 있던 퇴적분진이 공기중에 떠오름 / 떠오른 퇴적분진에 폭발에너지가 전달되어 2차분진 폭발 / 저장된 곡물가루가 떠오를 경우 3차 분진 폭발되며 이 모든 과정이 1초 내외의 짧은 시간에 벌어진다.

앞서 언급했듯이 분진폭발은 유기화합물만 해당되는 것은 아니다. 탄소 분말, 철이나 알루미늄 같은 금속성 분말에서 무기화합물의 분진 또한 작은 불꽃의 접촉에 폭발할 수 있고 화학반응으로 폭발 할 수도 있다. 그러한 분진의 폭발은 다음의 〈표4-1-2〉의 정리로 확인할 수 있다.

〈표4-1-2〉 분진폭발의 원리

연소단계	내 용
분해연소	일반 가연성 유기화합물 분진이 열에 의해 분해되고 가연성 가스로 기화되면서 주변의 산소와 혼합하여 확산 연소되는 현상(열분해→기화→연소/폭발)
표면연소	고체의 표면에의 연소반응으로 열분해가 되지 않은 금속류나 숯(C)과 같은 무기물의 경우 나타나는 현상
증발연소(기화연소)	고체 자체로 연소되지 않고 액상으로 변형되어 증발하거나 액체상태에서 증발하여 유증기 상태로 점화되는 물질(수지, 휘발성유류)

분진폭발은 일상에서도 찾아볼 수 있다. 간혹 제분공장에서 화재나 폭발사고가 나는 경우가 있는데 밀가루를 만들면서 탱크 안에 밀가루 분진에 불꽃이 튀거나 하는 경우 사고로 이어지게 된다.

2010년11월23일 서해의 연평도에 북한이 포격 도발을 감행했던 사건이 있었다. 이때 북한군이 사용한 240mm방사포(다련장로켓)와 76mm해안포는 심각한 관리부실과 노후화로 많은 탄들이 불발되어 연소되었다.[18] 이때 제과점 밀가루 창고에 포탄 한발이 떨어졌는데 밀가루 분진으로 인해 추가폭발이 발생하기도 했었다. 이런 밀가루 등의 유기화합물 분진폭발 외에도 탄광에서 분진에 의한 폭발로 사고 나는 경우가 많은데 미세한 탄가루가 밀폐된 공간에 차면서 가스와 함께 폭발하는 경우이다. 다행히 최근에는 안전대책을 강구하고 발전하면서 폭발사고가 대폭 감소했다.

18) 북한군 포탄에 사용하는 내부작약은 뜨로찔(TNT)인데 연평도 포격 당시 사용된 포탄들은 장기간 보관하면서 관리부실이 더해 작약이 습기를 먹으며 불발률이 높아졌다.

2. 폭발물위협 시 대응

폭발물에 위협으로부터 대응은 검색 또는 의심물체 발견에서 시작된다. 평소 매뉴얼을 만들어 대응하는 훈련이 필요하며 기본적으로 관심, 주의, 경계, 심각 4단계로 설정하여 대응 매뉴얼을 설정한다.[19)]

〈표4-2-1〉 폭발의심물품 대응의 예 – 관심단계(Code Blue)

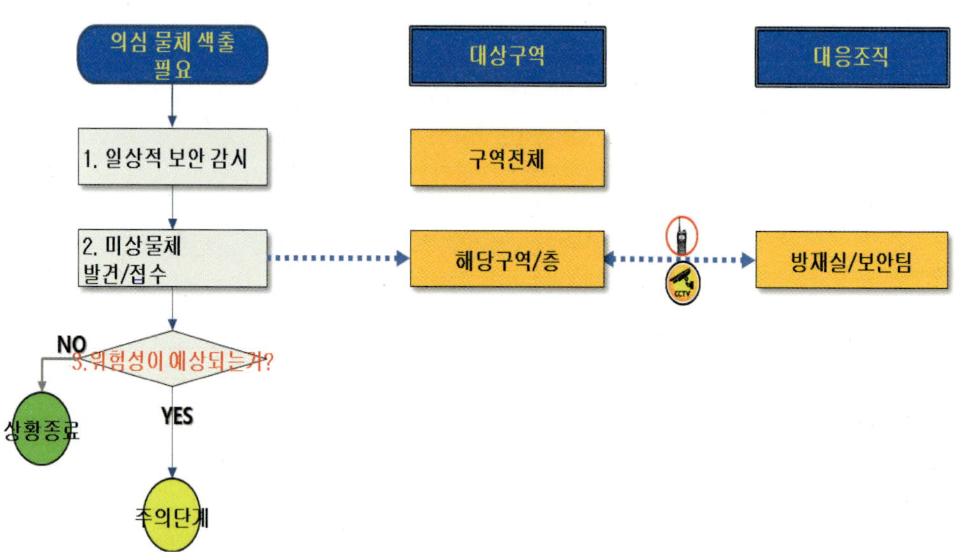

관심단계인 Code Blue는 일상적인 보안감시 상황으로 특별한 보안등급 상승이나 설정이 없는 상황이다. 이 경우 예방차원에서 의심물체에 대한 색출에 주력해야 한다. 하지만 관심단계라고 해서 안심하고 기본을 무시하는 행위는 절대 지양해야 한다. 평시에도 기본에 충실하여야만 사태를 예방할 수 있기 때문이다. 이것은 해당 시설의 보안요원이나 임직원에 대한 평소 교육훈련 상태와 수준이 결과로 과감 없이 보여주기 때문에 『평소에 잘하자』는 말을 상기하도록 하자.

---

19) SOP(Standard Operating Procedure) : 예규/관리운영절차/표준운영절차

관심단계에서의 대응이 다음 단계에 미치는 영향이 크기 때문에 어떤 면에서 가장 중요한 단계라고 할 수 있다. 만약 관심단계에서의 잘못된 조치로 다음 단계로 넘어간다면 감당하기 힘든 상황으로 급격하게 발전할 수 있기 때문이다.

〈표4-2-2〉 폭발의심물품 대응의 예 - 주의단계(Code Yellow)

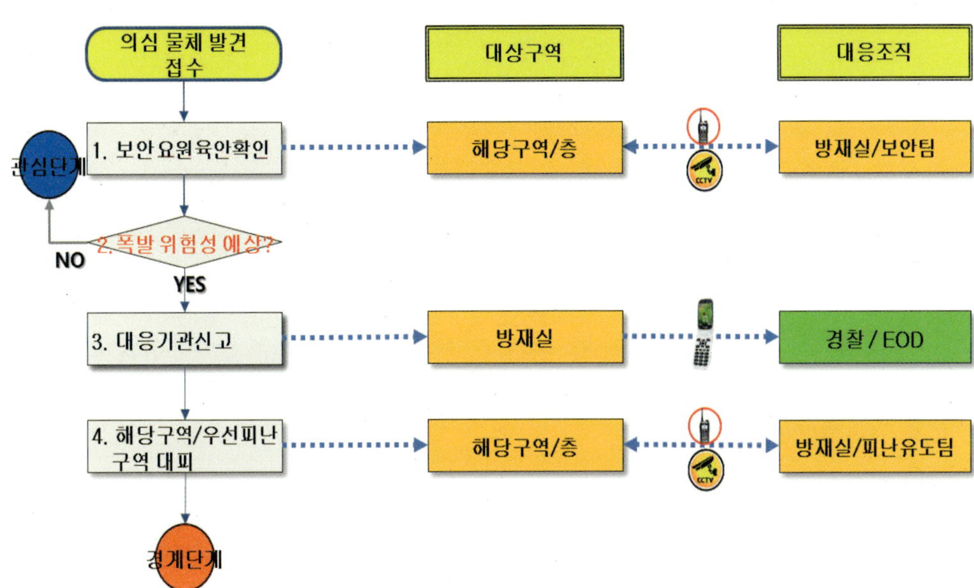

주의단계인 Code Yellow는 의심정황의 발견이다. 보안등급이 상승하였거나 폭발물 의심물체가 발견된 경우로 보안요원 등 사람에 의한 육안확인이 필요하다. 이 경우 육안 확인하는 인원이 폭발물을 비롯한 위험물질에 대한 기본적인 지식이 있어야 한다. 폭발 위험성이 예상되는 경우 신속한 신고가 필요한데 공항과 같은 기관은 사체 EOD팀[20]이 편성되이 있지만 그렇지 않은 일반 시설의 경우 경찰에 신고하는 것이 가장 확실한 대응이다.

20) Explosive Ordnance Disposal (폭발물처리반)

위 단계에서는 반드시 피난이 필요한데 물품의 크기에 따라 피난의 규모가 달라지나 우선적으로 위험물품이 발견된 구역과 우선피난구역에 대한 피난이 필요하다. 우선피난구역 설정은 피난에 도움이 필요한 의료/요양시설, 영유아시설 등이 우선피난구역에 설정될 수 있다.

최근에는 조례 등으로 영유아시설의 경우 미끄럼틀 같은 피난시설이 필수적으로 설치되어 있다. 하지만 요양시설 이나 중환자시설의 경우 미끄럼틀이 있다 하더라도 안전하고 신속하게 대피하는 것이 어렵다. 따라서 상황발생 시 경계단계로 넘어가기 전 반드시 우선 대피하는 것이 바람직하다.

폭발물 상황이 아니다 하더라도 화재의 경우도 마찬가지이기 때문에 평소 교육 훈련과 안전점검은 확실하게 하도록 하자. 2018년 초에 벌어진 수차례의 화재사고에서 많은 인명피해를 입었는데 안전에 대한 대비가 얼마나 중요한지 살 보여주는 사례들이었다.

〈표4-2-3〉 폭발의심물품 대응의 예 - 경계단계(Code Orange)

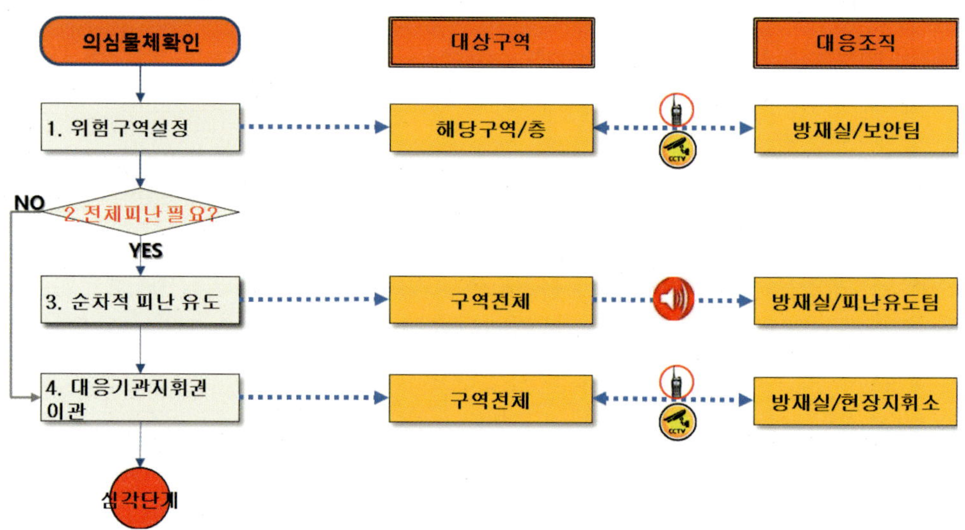

경계단계는 의심물체가 폭발물로 확인된 단계이다. 이 경우 폭발물의 크기와 종류에 따라 전체피난 여부를 판단할 수 있는데 단일건물인 상황에서는 전체피난을 기본으로 한다. 하지만 전체피난이 어려운 넓게 분포된 시설의 경우 안전구역을 설정하여 최대한 대피를 유도하도록 한다. 대피가 진행되는 도중이라도 대응기관이 현장에 전개하면 최신상황정보를 제공하고 지휘권을 넘겨야 한다.[21]

〈표4-2-4〉 폭발의심물품 대응의 예 - 심각단계(Code Red)

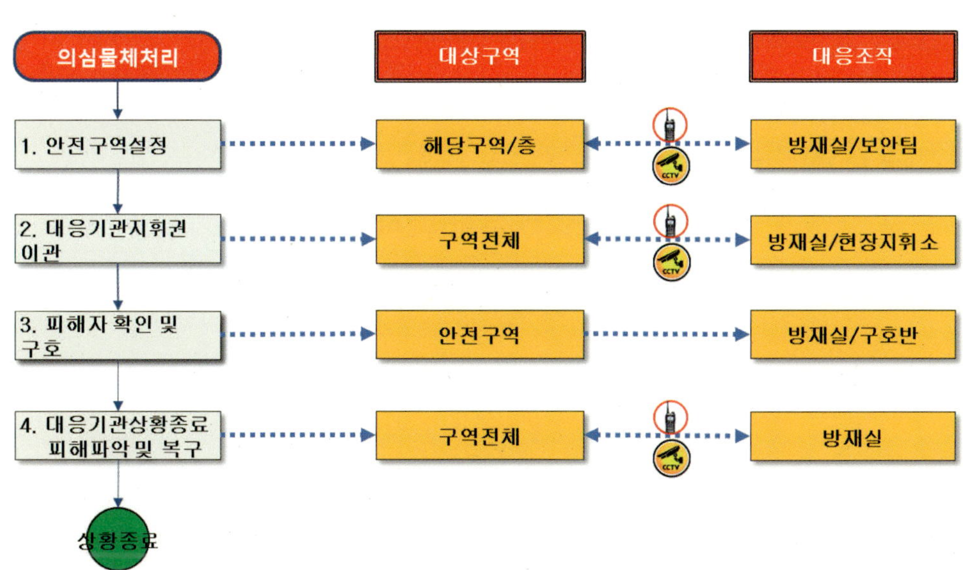

상황전개 중 폭발물이 작동하거나 그 위험수위가 높은 경우 심각단계로 전환하여 절차에 따르도록 한다. 또한 의심물체를 처리하는 단계에 진입한 경우에도 심각단계로 전환된다. 의심물체 처리과정에서 만약의 상황에 대비해야 하기 때문에 폭발물이 작동한 상황과 동일하게 대응하도록 한다.

21) 공항 등 국가중요시설의 경우 자체 대응부서가 있는 경우에는 내규를 따른다. 그렇지 않은 경우 경찰 등 국가대응기관에 지휘권을 넘긴다.

위의 내용과 같이 지휘권을 넘기는 이유는 폭발물 같은 상황이 아직은 민간에서 직접 대응할 수 없는 영역이기 때문이다. 일부 민간에서 불발탄 처리 등 일부 영역을 용역으로 받아 실시하고 있기는 하지만 군사격장 등의 불발탄 처리 정도의 수준이고 전문적인 폭발물 대응은 국가기관에서 실시하고 있다. 단, 공항의 경우 일부 민간특수경비업체에 전문폭발물처리반(EOD)가 편제 운영되고 있다. 심각단계는 안전이 확보된 상태에서 의심물체를 처리하거나 폭발물이 작동한 경우에 적용한다. 이 단계에서는 대응기관이 지휘권을 반드시 넘겨받은 상태에서 진행되게 된다.[22] 대응기관이 지휘를 하는 동안 피해자 확인 및 구호 지원을 하며 기타 업무협조를 하도록 한다.[23]

3. 폭발물 피해 시 대응

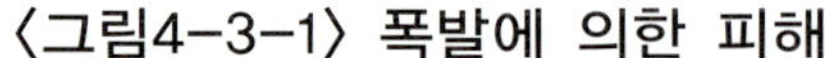
〈그림4-3-1〉 폭발에 의한 피해

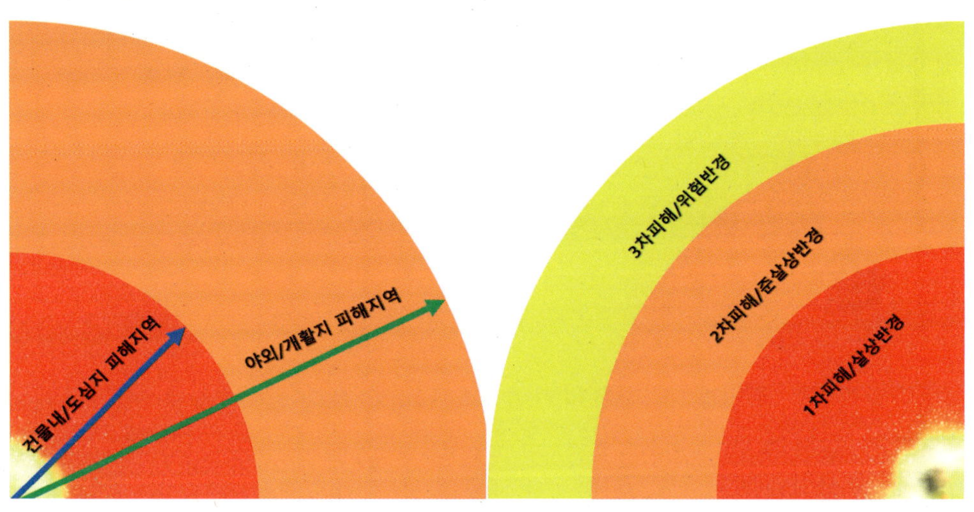

22) 자체 대응부서가 있는 일부 국가중요시설은 내규에 따름
23) 소방당국의 활동을 지원할 수 있도록 최대한 협조

폭발물을 통한 피해는 폭발 시 압력과 파동에 의해 발생한다. 이러한 피해는 대물피해와 대인피해로 나뉘게 된다. 특히 대인피해의 경우 신속한 대응이 필수이기 때문에 보안요원을 비롯한 관력직종에서는 반드시 최소한의 대응에 필요한 지식과 기술을 익혀둘 필요가 있다.

1) 대물피해

폭발물 폭발로 인한 대물피해는 대부분 폭발 시 발생한 폭발파에 의해 발생하지만 폭발파의 압력(양압)과 파동에 의해 발생한 분쇄와 균열이 뒤이어 발생한 음압이나 기타 힘이 가해질 경우 추가 피해가 발생한다. 음압에 의한 2차 피해는 폭발 직후 곧바로 발생하지만 기타 다른 힘에 의한 2차 피해는 1차 피해를 입은 대상물의 형태나 상태에 따라 여러 형태의 추가 피해가 발생 할 수 있다. 따라서 위험 요소가 발생한 대상물의 형태나 상태에 따라 추가 피해를 최소화 할 수 있도록 알맞게 대응하여야 한다.

〈표4-3-1〉 대물 피해 시 대응조치 SOP의 예

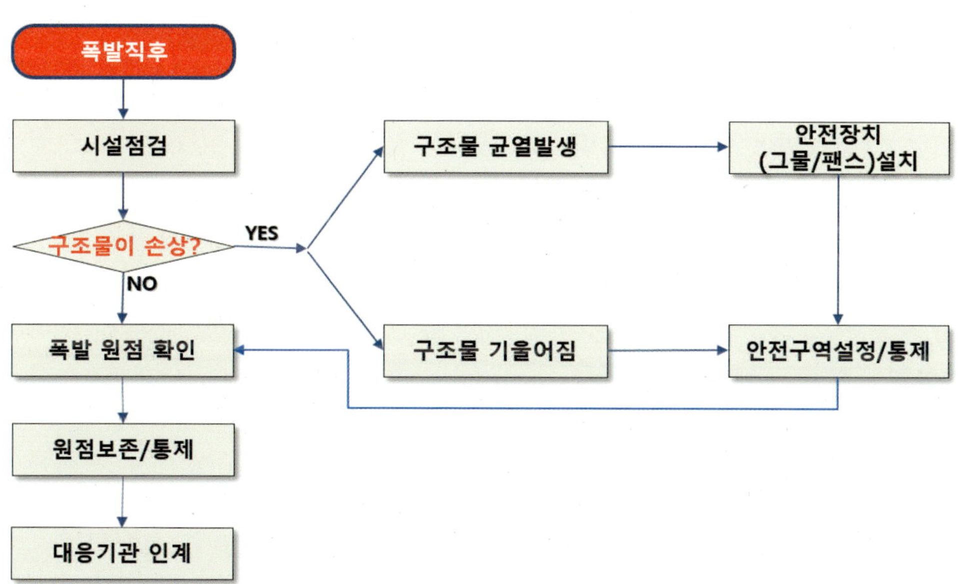

예를 들어 폭발로 인해 담벼락이 무너지고 균열이 발생했다면 신속하게 안전팬스 등을 설치하고 접근하지 못하도록 안전구역을 설정하고 통제해야 한다. 만약 담벼락이 무너지지 않고 기울어졌다면 2차 붕괴를 대비하여 안전구역을 설정하고 통제하여야 한다. 만약 소규모의 담벼락이라면 받침목 등을 활용하여 추가붕괴를 예방하도록 한다.

2) 대인피해

대인피해는 대물피해와 달리 폭발 시 발생하는 압력(양압)과 파동 그리고 뒤이어 발생하는 음압에 의한 피해 외에도 폭발파에 의해 전달되는 파편이나 추락하는 잔해에 의한 외상, 폭발 시 발생하는 고열 접촉에 의한 화상, 폭발 시 순간적으로 발생하는 산소부족이나 열기에 의한 쇼크 및 질식 등과 같은 피해가 발생한다. 대인피해 부분에서는 1차~4차 상해에 대한 설명과 대인 피해별 유형에 따른 대응에 대해 공부하도록 하자.

가. 1차 상해

폭발물의 폭발과 직접 접촉하여 발생하는 상해로 압력파 및 충격파의 접촉이 원인이다. 이러한 파동은 앞서 언급한 것과 같이 성질이 다른 즉 다른 매질을 통해서 전달이 되며 운동량 보존의 법칙에 따라 운동 에너지가 소모될 때까지 작용하게 되는데 공기 중을 통한 충격파도 인체에 영향을 주게 된다. 이때 뇌[24]를 비롯하여 기체를 포함하고 있는 모든 장기에[25] 상해가 발생하게 된다. 고성능 폭약과 같이 폭발파의 위력이 강한 경우 신체에 직접 상해를 가해 신체 조직의 일부를 잃을 수 있는데 군에서 말하는 폭풍형 지뢰인 M14(국군제식 KM14)이 북한군 지뢰인 PMD-57(목함지뢰) 같은 지뢰에 상해를 입는 경우와 같은 경우이다. 1차 상해의 가장 큰 특징은 신체 내부 손상으로 인해 육안에 의한 관찰이나 발견이 어렵거나

24) 중추신경계
25) 폐, 고막, 내장 등

지나칠 수 있다는 것이다. 이로 인해 늦은 조치로 1차 상해 피해자가 사망에 이를 수도 있다. 따라서 폭발파의 영향권에 있던 피해자들에 대한 정밀 검사가 필요하다.

〈그림4-3-2〉 1차 상해의 유형

〈표4-3-2〉 폭발 압력에 의한 상해

폭발압력	상해유형
1 psi	밀려남, 넘어짐
5 psi	고막손상, 이명
15 psi	고막파열(50%), 심한 통증
30 psi	폐 손상, 호흡곤란
75 psi	폐 손상에 의한 합병증(흉부통증, 청색증, 공기색전)
100 psi	사망

나. 2차 상해

폭발 후 비산하는 파편이나 폭발에 의해 날아온 물체 등에 의해 발생하는 상해이다. 이러한 상해는 다양한 피해 유형을 보이게 되는데 일반적으로 외상에 의한 출혈 등이 발생하여 1차 상해와 달리 육안에 의해 쉽게 관찰할 수 있다.

2차 상해의 유형을 보면 파편의 형태나 재질에 따라 작은 창상 또는 신체 깊숙이 박혀 복강내 출혈 또는 장기 천공이 발생할 수 있다. 어떤 경우 신체 일부의 절단 등의 중상으로 이어지며 출혈을 동반하는 경우가 대부분이기 때문에 빠른 응급조치가 필요하다.

다. 3차 상해

3차 상해는 폭발에 의한 직접적인 피해이기보다는 폭발파에 의해 피해자가 밀려나거나 날아가면서 2차 충격에 의해 발생하는 뇌진탕, 타박상 등의 피해이다.

라. 4차 상해(기타상해)

1~3차 상해를 제외한 나머지 상해를 말한다. 외상 후 스트레스 장애[26]도 여기에 포함된다.

3) 대인 피해시 대응

앞서 언급한 상해 유형별로 각기 다른 대응이 필요하지만 우선적으로 시행 할 것은 환자의 상태와 주변 위험요소 파악이다. 환자의 상태에 따라 중증도 분류를 실시하며 소수인원인 경우도 동일하게 실시하는 것이 좋다. 이것은 의료진 또는 구조대 도착 시 원활한 상황인계에 도움을 주게 된다.

26) PTSD-Post Traumatic Stress Disorder

환자 처치 전 현장에 투입된 인원 또는 관리자는 폭발원점에서 폭발물 외에 화학, 생물학, 방사성 물질이 사용이나 오염의 확인이 필요하다. 또한 사고 현장 150m 이내의 모든 전자기기의 전원을 차단해야 한다. 현장에 투입되는 인원들이 안전하게 활동할 수 있도록 주요 지점에 대기 장소를 선정하도록 한다. 테러를 비롯한 범죄에 의한 공격에 대비하여 2차 공격[27]에 대비하도록 경계를 유지하고 환자의 분류와 처치는 2차 공격으로부터 안전이 확보된 곳에서 실시하도록 한다.

환자의 상태는 육안에 의해 식별되는 2차 상해 환자에 대한 응급처치가 우선이 될 수 있다. 이 경우 심각한 외상으로 과다 출혈 및 쇼크 등이 동반되는 경우라 할 수 있다. 고막을 비롯한 귀 손상 환자는 지속적인 압력 상승에 노출되어 내부손상이 더욱 심각해 질 수 있다. 폭발에 의해 정신적 피해를 입은 경우 다른 증상이 감지되지 않을 수 있으므로 지속적인 관찰이 필요하다.

환자는 신속하게 이동시키고 환자의 모든 물품은 증거보존을 위해 온전히 확보하도록 한다.

27) 2차 장치

폭발물 발생에서 현장 탐색 및 분석의 중점 활동 항목

○ 상황발생 시 폭발물 대응 조직[1]은 대부분 현장에서 탐색 및 분석 등의 중점 활동을 실시한다.

○ 현장에서 수집, 분석 능력은 대응조직의 장이 위협세력의 결정주기(decision cycle) 내에 이해, 결정, 반응하는 것을 가능하게 해준다.

○ 현장 지휘관 또는 대응조직의 장은 현장에서 최상의 목표를 위한 행동의 범위와 피해자 등의 생존 가능성을 결정하기 위해 현장 탐색 및 분석을 수행하며 METT+TC[2]를 고려하여 아래의 다섯 가지 중점 활동 항목을 최대한으로 수행하도록 노력한다.

순번	항목	내용
1	탐색 (Detect)	- 탐색은 적절한 정보, 물자, 인원을 찾거나 발견할 수 있는 현장대원들의 능력에 의존한다. - 탐색이 진행되는 동안 현장대원들은 정보, 물자 및 군사/정치/종교적 등의 연관성이 직결된 이해관계에 있는 인원의 존재여부 식별을 위해 인지능력 뿐 아니라 탐색 장비를 필요로 한다. - 탐색은 현장대원의 개인적 경험, 관련지식, 과학적 절차, 현장탐색 및 분석을 통한 정보, 물자, 현장대원의 초기 탐색을 필요로 한다. - 탐색 시 현장대원은 신원불명의 존재를 인지하고 본인의 과거 경험과 추정적 분석을 이용해 정보, 물자, 인원을 탐색할 수 있어야 한다.

1) 폭발물 대응부대 및 처리반(EOD) 등의 폭발물 관련 대응조직
2) 메트티씨, 임무, 적, 지형 및 기상, 가용부대, 가용시간, 민간고려요소(mission, enemy, terrain, troops, time available, and civil consideration)

2	수집 (Collect)	- 수집활동은 주로 현장이나 목표지점에서 일어난다. - 수집활동에는 정보와 물자를 수집, 보호, 조직 및 기록하며 통제수단과 현장에서 색출한 인원을 강제할 수단이 포함된다. - 위의 절차가 진행되고 처리와 분석이 실시되는 동안 파생적 정보 및 물자의 탐색은 추가적인 수집으로 이어질 수 있다.
3	처리 (Process)	- 처리는 물자와 자료를 수집하는 순간부터 그것이 정보나 증거로서의 가치를 잃을 때까지 보호하는 것을 말한다. - 처리는 수집된 정보 및 물자를 분석에 적합한 형태로 분비 및 전환하는 활동이다. - 처리는 탐색 및 수집 결과에 의존적이며 분석을 준비하는 데에 있어 변환 활동의 역할을 한다.
4	분석 (Analyze)	- 현장에서 수집된 정보, 물자, 인원에 대한 모든 분석은 현장과 대상의 관계 평가 및 대상의 개연성을 추정하기 위한 목적으로 실시된다. - 분석(Analysis)은 어떤 물체를 설명하기 위해 세부적으로 연구하는 과정이며 실험행동(Analyze)이다. - 추정적 분석은 물자의 정체성에 대해 특정 지표를 부여하기 위해 실시하며 표본이 특정물체가 맞는지 확인한다. - 위와 같은 현장에서의 초동 분석은 종결적이지 않기 때문에 종결적 분석을 위해서는 적합한 시설에서 심층분석이 요구된다. - 용의자의 손에서 채취한 잔여물에 대한 추정적 분석은 공인된 폭발물질 식별실험을 실시한다. - 위의 분석은 잔여물의 폭발성 유무를 판단하게 된다. - 현장대원들은 생물통계 수집도구를 사용하여 현장인원의 생물통계 자료를 수집하며 이를 기존 자료와 대조하여 현장인원에 대한 자동평가를 실시한다. - 위의 자동평가는 해당인물이 사건의 관계자인지 밝혀내지 못할 수도 있기 때문에 대상의 격리 및 구금 여부를 결정하기 위해 추정적 분석을 할 필요가 있다. - 기술적 탐색 및 분석은 현장 밖에서 다섯가지 중점 활동 항목을 신중하게 분석하는 것을 지칭하며 일반적으로 안전지대 또는 현장에서 이격된 시설을 갖춘 연구실 환경에서 실시된다.

		- 위의 탐색 및 분석은 정보와 물자를 탐색, 수집, 작용, 분석하기 위해 과학적 방법을 적용하고 그 이후 결과를 전파한다.
5	전파 (Disseminate)	- 전파활동은 업무적 지원을 주고받는 조직(기관) 사이의 수평적이고 수직적인 정보교환을 말한다. - 전파활동에는 정보관리 지원업무도 포함된다. - 현장 탐색 및 분석에 관련된 정보 및 물자가 분석을 위한 특수기관에 전달되면 기존 조직(기관)도 이 분석적 결과를 이용 가능하다. - 현장대응팀은 정보전파에 다음 세가지 형식을 이용한다. ① 지점보고(Spot Report) : 지점보고는 현장에서 탐색 및 분석팀에 의해 생산된다. 현장대원들이 탐색 및 분석을 수행하는 동안 지휘부는 상황 및 시점보고를 상급지휘부에 실시한다. 이때 현장대응팀은 소모성 장비 등에 대해 지원요청을 할 수 있다. 또한 현장대응팀은 현장 탐색 및 분석에 대한 주기적인 피드백을 제공한다. ② 주요활동보고(Significant Activity Report) : 일반적으로 현장대응팀은 상급지휘부에 현장과 관련된 주요활동보고를 생산한다. 이러한 보고는 평가를 위한 정황자료로 보존하며 수집 및 분석된 다른 정보와 현장을 연결한다. 또한 주요활동보고는 전세계 우방 정보기관에 전파된다. ③ 자료확대(Amplifying Data) : 현장에서 복귀 후 현장대응팀은 관련자료, 각종 기록물, 스토리보드 형식의 정보 등 모든 사건 관련 정황자료를 통합 정리한다. 이 자료는 주요활동보고에 적절한 후속행동 방안을 제시한다. - 추정적 분석 및 평가는 보통 시간에 민감한 정보제공에 사용된다. 이는 공통작전상황도(COP)를 이용한 통합 및 지휘부의 후속행동 지시를 원활하게 하기 위함이다.

미육군 교범 - 현장 탐색 및 분석(Site Exploitation) ATP 3-90.15 재구성 2015. 07.28발행

대응절차 도출 토의를 위한 TTX(Table Top Exercise) 시나리오

▷ 평시 : 서울역사내 IED 발견

○ 1회차 (초기대응)

- 최초 상황접수는 누가(어느 조직) 했는가? : 경찰or철도사법경찰or기타
- 상황발생시 초동조치의 책임은 누구에게 있는가?
- 초기 현장 대응 시 탐색 및 분석은 누가 진행하는가?
- 초기대응에 필요한 조치는 무엇이 있는가?

○ 2회차 (다른 사건 또는 초기대응에 필요한 자산 미보유)

- 군과 협조가 가능한 상황인가?
- 군으로부터 제공받을 수 있는 지원에는 어떤 것들이 있는가?
- 군의 지원으로 현장대응이 충분한가?

○ 3회차 (용의자 체포 및 구금)

- 현장에서 탐색 및 분석을 진행하기 위해 보유한 역량에는 무엇이 있는가?
- 용의자의 향후 처리는 어떻게 되는가?

○ 4회차 (IED 폭발상황)

- IED 폭발로 인해 추가적으로 요구되는 사항은 무엇인가?
- 폭발 후 대응은 누구의 책임인가?
- 민관군 공조 소요에는 무엇이 있는가?
- 상황정리 후 현장 보존 또는 복구에 대한 책임은 누구에게 있는가?

집필진 약력

정 연 완

- 용인대학교 경호학과 졸업
- 용인대학교 대학원 경호학 석사
- 용인대학교 대학원 경호학 박사
- 아세아항공직업전문학교 항공보안계열 학부장
- 아세아항공직업전문학교 (부설)아세아항공보안연구소 소장
- 용인대학교 경호학과, 무도학과 외래교수
- 국제대학교 경호보안과 외래교수
- 대한무도학회 이사
- 한국경호경비학회 이사
- 한국시큐리티연구원 이사
- 뉴데일리뉴미디어연구소(ND Lab) 객원연구원
- 트라이셀 인터네셔널 로보틱스 연구소
  Tricell-intl. Robotics Lab(TR Lab) 객원연구원
- 항공보안교관(ICAO ASTP123/Instructors)
- 항공위험물운송(IATA DGR INITIAL)자격 취득
- 2017 국토교통부 철도특별사법경찰대 모의폭발물 탐지훈련 평가
- 국토교통부 철도특별사법경찰대 폭발물테러대응 직무교육
- 롯데타워 시설보안요원 폭발물 테러대응 직무교육
- 군작전요원 폭발물 검색교육
- 국가공인 경비지도사 기본교육(폭발물테러대응)
- 한미연합사령부 (C-IED/급조폭발물)탐색 및 대응 전문가 교류 멤버
  (ROK/US Exploitation SMEE)

오 세 진

- Tricell International Robotics Lab(TR Lab) 연구소장
- (사) 미국사진기자협회(NPPA) 정회원, 멘토
- (사) 한국재난정보학회(KODI) 이사
- (사) 한국국방안보포럼(KODEF) 사이버 국장
- 행정안전부, 경찰 인재교육원 항공보안 외래교수
- 행정안전부, 출연금 연구개발과제 평가위원
- 국립 재난안전연구원(NDMI) 테러부분 자문위원
- 항공안전기술원(KIAST) 평가위원
- 한국콘텐츠진흥원(KOCCA) 평가위원
- 정보통신산업진흥원(NIPA) 평가위원
- 정보통신기술진흥센터(IITP) 기술사업화 전문가
- 특수 · 지상작전연구회 LANDSOC-K 홍보국장 / 연구원
- 육군정책발전위원
- 뉴데일리 뉴미디어 연구소(ND Lab) 소장
- 아세아항공직업전문학교 외래교수
- USN, EOD EXU-1 Adv. Electronics 이수
- 한미연합 IED 탐색 및 분석 멤버
- 항공안전교육원, 항공보안교관과정 및 무인기 사고조사 및 보안과정 이수
- 한미연합사령부 (C-IED/급조폭발물)탐색 및 대응 전문가 교류 멤버 (ROK/US Exploitation SMEE)

조 용 훈

- 용인대학교 경호학과 졸업
- 용인대학교 대학원 경호학 석사
- 용인대학교 대학원 경호학 박사(수료)
- 아세아항공직업전문학교 항공보안계열 학과장
- 아세아항공직업전문학교 (부설)아세아항공보안연구소 부소장
- 한국경호경비학회 이사
- 한국시큐리티연구원 이사
- 한국국가안보 · 국민안전학회 이사
- 대한무도학회 이사
- 뉴데일리뉴미디어연구소(ND Lab) 객원연구원
- 트라이셀 인터네셔널 로보틱스 연구소
  Tricell-intl. Robotics Lab(TR Lab) 객원연구원
- 항공보안교관(ICAO ASTP123/Instructors)
- 2018 평창올림픽 대비 철도특별사법경찰대 보안검색 CBT 교육
- 국토교통부 철도특별사법경찰대 폭발물테러대응 직무교육
- 국토교통부 철도보안경진대회 평가
- 롯데타워 시설보안요원 폭발물 테러대응 직무교육
- 군작전요원 폭발물 검색교육
- 국가공인 경비지도사 기본교육(보안검색)
- 한미연합사령부 (C-IED/급조폭발물)탐색 및 대응 전문가 교류 멤버
  (ROK/US Exploitation SMEE)

정 진 만

- 용인대학교 무도학과 졸업
- 용인대학교 대학원 경호학석사
- 한국항공대학교 대학원 법학박사과정
- 특수전사령부 예비역 상사(폭파, 화기, 정작)
- 용인대학교 산학협력단 특수재난연구소 연구원
- 용인동부경찰서 무도교관
- (사)한국재난정보학회 부설 재난기술연구소 연구원
- (사)대한크라브마가협회KKM 대외협력위원 / 지도자
- (사)자주국방네트워크(KDN) 조직관리실장
- 국가공인 신변보호사 실기감독관
- 아세아항공직업전문학교 항공보안계열 외래교수
- 아세아항공직업전문학교 (부설)아세아항공보안연구소 연구원
- 서울현대직업전문학교 외래교수
- 경찰인재개발원 외래교수
- 뉴데일리뉴미디어연구소(ND Lab) 객원연구원
- 트라이셀 인터네셔널 로보틱스 연구소
Tricell-intl. Robotics Lab(TR Lab) 객원연구원
- 특수 · 지상작전연구회 LANDSOC-K 총무간사 / 연구원
- 육군정책발전위원
- 항공안전교육원 무인기 사고조사 및 보안과정 이수
(KASI 2018 437-5-2)
- 한미연합사령부 (C-IED/급조폭발물)탐색 및 대응 전문가 교류 멤버
(ROK/US Exploitation SMEE)